A0

A0	841 x 1189 mm
A1	594 x 841 mm
A2	420 x 594 mm
A3	297 x 420 mm
A4	210 x 297 mm
A5	148 x 210 mm
A6	105 x 148 mm
A7	74 x 105 mm
A8	52 x 74 mm
A9	37 x 52 mm
A10	26 x 37 mm

A2

A1

DIN-FORMATE A

Das DIN-Format A ist der bekannteste Formatstandard für die Papierformate in Europa. Basis ist das Grundformat A0, das 1 m^2 Fläche abdeckt.

A4

A3

A6

A5

A7

Bücher binden

25 Buchobjekte aus Papier und Faden

Monica Langwe

Zur Autorin

Monica Langwe ist zwischen Kunst und Handwerk kreativ tätig. Über ihr Kunststudium hinaus hat sie Ausbildungen für traditionelles wie auch experimentelles Buchbinden absolviert. Sie studierte verschiedene archivarische Techniken und lässt sich gern von der Zeit inspirieren, als man Material nicht in solchem Überfluss zur Verfügung hatte wie heute und deshalb raffinierte Lösungen entwickelte. Durch ihr Interesse an den verschiedensten Typen von Büchern gelang ihr sogar der Zutritt in die Vatikanischen Bibliotheken, wo sie als eine der wenigen erfuhr, was sich dort verbirgt. In ihrem Atelier im schwedischen Mora wie auch an vielen anderen Orten in Schweden und im Ausland bietet sie Kurse an.
www.langwe.se

Ein besonderer Dank an Leif Schriever, Manne Dahlstedt, Jordi Arkö, Papyrus und Göterborgs Tryckeriet.

1. Auflage: 2021
ISBN 978-3-258-60231-8

Die schwedische Originalausgabe erschien 2016 unter dem Titel *Papper och stygn* bei Hemslöjdens förlag
www.hemslojdensforlag.se

Modelle und Beschreibungen: Monica Langwe
Fotos: Thomas Harrysson, mit Ausnahme von S. 4, 14 und 53: Kola Production
Umschlagfotos: Thomas Harrysson
Autorenfoto: Lars Berglund
Zeichnungen: Daniel Rehnfeldt und Cecilia Ljungström
Layout: Cecilia Ljungström

Umschlag und Satz der deutschsprachigen Ausgabe: Die Werkstatt Medien-Produktion, D-Göttingen
Übersetzung: Marie-Luise Schwarz, D-Ratingen
Redaktion der deutschsprachigen Ausgabe: Regina Sidabras, D-Berlin

Wir verwenden FSC-Papier. FSC sichert die Nutzung der Wälder gemäß sozialen, ökonomischen und ökologischen Kriterien.
Gedruckt in Bosnien und Herzegowina

Diese Publikation ist in der Deutschen Nationalbibliografie verzeichnet.
Mehr Informationen dazu finden Sie unter http://dnb.dnb.de.

Der Haupt Verlag wird vom Bundesamt für Kultur mit einem Strukturbeitrag für die Jahre 2021–2024 unterstützt.

Wir verlegen unsere Bücher mit Freude und großem Engagement. Daher freuen wir uns immer über Anregungen zum Programm und schätzen Hinweise auf Fehler im Buch, sollten uns welche unterlaufen sein. Falls Sie regelmäßig Informationen über die aktuellen Titel im Bereich Gestalten erhalten möchten, folgen Sie uns über Social Media oder bleiben Sie via Newsletter auf dem neuesten Stand!

www.haupt.ch

Inhalt

Vorwort

ICH GESTALTE LEIDENSCHAFTLICH gern mit Papier. Beim Handarbeiten und im Kunsthandwerk arbeiten wir vorzugsweise mit qualitativ hochwertigem Material, um lange Haltbares zu schaffen, das mitunter mehrere Generationen überdauert. So taten es auch bereits meine Mutter und meine Großmutter, die stets mit einer Handarbeit beschäftigt waren. Dieses Handarbeiten war eine selbstverständliche Beschäftigung, egal ob man zu Hause oder unterwegs war. Manchmal arbeiteten sie für sich allein, manchmal zusammen mit anderen, aber immer mit Material von guter Qualität.

Nach unglaublich langer Zeit war dann die große runde Tischdecke, die mit unglaublich dünnem Garn gestickt war, endlich fertig. Und sogleich begann man mit der nächsten und dann mit noch einer und irgendwann noch einer Decke. Nicht ein einziges Mal hörte ich, dass sie sagten: »Jetzt habe ich endlich eine Tischdecke in so guter Qualität fertig gestickt, dass sie mein ganzes Leben lang hält, und nun gönne ich mir eine Pause.« Im Gegenteil. Meist saßen sie sogar an zwei Handarbeiten gleichzeitig, damit sie niemals mit leeren Händen herumsitzen mussten. Es quoll förmlich über von Gestricktem, Gehäkeltem, Gesticktem und Gewebtem, als hätten sie zu Hause kleine Minifabriken. Die Arbeit an sich hatte für sie einen hohen Stellenwert; so hoch, dass sie manchmal mehr Wert hatte als das eigentliche Ergebnis.

Diese Wertschätzung für das Arbeiten an sich verspüre auch ich immer stärker. Wir haben heutzutage immer weniger die Gelegenheit, etwas mit unseren Händen zu schaffen. Alles ist schon irgendwie fertig und fast alles ist auch fertig erhältlich. In mehreren meiner Kurse fertigen wir Probebücher an, in denen man den Entwicklungsprozess sammeln und aufbewahren kann. Das Wichtige dabei ist, nicht immer fertige Modelle zu machen, sondern mehr verschiedene Techniken, Rezepte und Methoden in den Blickpunkt zu rücken und zu dokumentieren. Auf diese Weise lernen wir mehr.

Deshalb mag ich Papier so gern. Ich schätze daran, dass es ein vergängliches Material ist und zugleich eines, das überall zugänglich ist. Wir können vielerlei damit machen und es muss gar nicht teuer sein. Wir können es umarbeiten, zusammenknüllen und wegwerfen, wir können es kompostieren oder recyceln. Wir haben zum Beispiel dieses Jahr auf dem Dachboden ein Zimmer ausgebaut und zum Isolieren Altpapier verwendet.

Was wir aus Papier herstellen, hält vielleicht nicht über mehrere Generationen. Es wird sich wahrscheinlich abnutzen, wenn wir es fleißig verwenden. Aber Hand aufs Herz: Wollen wir immer nur Sachen, die ein Leben lang halten? Hat es nicht auch einen gewissen Reiz, wenn man etwas austauschen oder etwas ganz Neues schaffen kann?

Monica Langwe

Klister
10/4 - 15
Prima engelsk
Linnehäfttråd
LEVIN & NYSTRÖM KOMMANDITBOLAG
Nr. 25 /3
Stockholm - Göteborg - Malmö
100 gram

Material

IN DIESEM BUCH arbeiten wir überwiegend mit **Papier**, einem Material, von dem es unendlich viele Qualitäten gibt. Ich bevorzuge hier reine Farben, weil ich es mag, wenn die eigentliche Technik deutlich herauskommt und die Form prägt. Sie selbst können auch gemusterte Papiere verwenden, wenn Sie damit lieber arbeiten.

Die Dicke des Papiers gebe ich in diesem Buch mit dem üblichen Quadratmetergewicht an, das auch »Grammatur« genannt wird. Es bezeichnet das Gewicht des Papiers in Gramm pro Quadratmeter (g/m²). Besonders kräftiges Papier ab 150 g/m² wird üblicherweise als Karton bezeichnet, die Übergänge von Papier zu Karton und von Karton zu Pappe sind jedoch fließend.

Da Papier nahezu überall erhältlich ist, fällt es schwer, besondere Bezugsquellen dafür zu nennen. Eine Möglichkeit ist, Kontakt zu einer Druckerei aufzunehmen, die verschiedene Papiersorten auf Lager hat.

Pappe verwenden wir in diesem Buch für die Einbände und die Wände der auf Seite 96 beschriebenen Schachtel. Pappe ist bedeutend schwerer als Papier und wird nicht mit dem Quadratmetergewicht, sondern nach ihrer Dicke gemessen.

Ein weiteres Material, das im Buch eine Rolle spielt, ist das **Einbandgewebe**. Vereinfacht gesagt, ist es ein Stoff, der mit einer dünnen Schicht Papier auf der Rückseite gefüttert ist. »Gefüttert« meint hier, dass das dünne Papier auf die Stoffrückseite geklebt wird. Bei Büchern mit festem Einband war Einbandgewebe, das man früher als Buchbinderleinen bezeichnete, lange Zeit ein übliches Material – schauen Sie in Ihren Bücherschrank. Die Bezugsstoffe gibt es in vielen Farben und unterschiedlichen Ausstattungen, um vor Schmutz und Verschleiß zu schützen. Auf Seite 70 zeige ich, wie man selbst Einbandgewebe herstellen kann. Im Buchbindebedarf sind Pappen und Einbandgewebe in verschiedenen Ausführungen erhältlich.

Das beim Buchbinden verwendete Garn ist ein fest versponnener **Leinenzwirn**, der sehr haltbar ist. Als Alternative eignet sich ein festes und in vielen Farben erhältliches Leinengarn, das zum Klöppeln verwendet wird und in gut sortierten Handarbeitsläden zu finden ist. Ich wachse mein Garn immer, bevor ich es verwende, weil es sich dann leichter verarbeiten lässt, besser sitzt und auch noch eine Spur kräftiger ist. Andere machen das nicht. Testen Sie selbst, was für Sie die passende Methode ist. **Bienenwachsblöcke** bekommt man im Bastel- und Künstlerbedarf.

Verwende ich **Bänder**, um etwas zusammenzuknoten, dann bevorzuge ich Band aus Naturmaterial. Nimmt man stattdessen zum Beispiel ein Band aus Kunstseide, geht der Knoten sehr leicht wieder auf. Denken Sie daran, das Band an den Enden schräg abzuschneiden oder wie eine Schlangenzunge einzuschneiden, damit es nicht ausfranst.

Musterklammern (auch Brads genannt), die man früher zum Verschließen von Beuteln benutzte, gibt es heute in verschiedenen Ausführungen und Farben. Mit ihnen lassen sich Papierknöpfe gut befestigen.

Papier

WIR SIND IM Alltag von Papier umgeben, angefangen von Hygieneartikeln wie Toilettenpapier und Servietten über Zeitungen, Bücher, Zahlungsmittel bis zu verschiedenen Arten von Verpackungen. Vielleicht sind Papierprodukte sogar zeitgemäß, obwohl wir alle unnötigen Verpackungen kritisieren. Papier wird aus erneuerbaren Rohstoffen hergestellt, es ist leicht zu recyceln und wenn es in der Natur landet, wird es abgebaut.

Auch wenn wir täglich mit Papier zu tun haben, wissen viele Menschen nur sehr wenig über diesen Werkstoff. In meinen Workshops taucht die Frage danach häufig auf und auch in meinem Unterricht an Schulen vermittele ich verstärkt »Papierwissen«. Hier im Buch versuche ich zu erläutern, was verschiedene Papierarten ausmacht.

Hintergrund

Damit ein Papier überhaupt als Papier bezeichnet werden kann, muss es aus freigelegten Fasern bestehen, die zu einem Bogen verflochten und geformt werden. Das Wort »Papier« stammt von Papyrus ab, einem papierähnlichen Material, das bereits 3000 v. Chr. in Ägypten verwendet wurde. Papyrus bestand aus dünnen Streifen der Stängel der Papyrusstaude (eine Art aus der Gattung der Zypergräser) und war nach heutiger Definition kein richtiges Papier. Die Streifen wurden in einer Lage waagerecht nebeneinandergelegt, die nächste Lage bestand aus senkrechten Streifen. Sie wurden dann gepresst, in der Sonne getrocknet und zuletzt mit Bimsstein oder Muscheln geglättet.

Mit der Zeit entwickelte sich ein bedeutend haltbareres und preiswerteres Schreibmaterial, das Pergament. Es kam etwa um 100 v. Chr. in Gebrauch und wurde zu dieser Zeit aus den Häuten von Schafen, Ziegen oder Kälbern hergestellt. Die Tierhaut wurde zunächst für kurze Zeit in ein Kalkbad gelegt, um anschließend anhaftende Fleischreste und Tierhaare zu entfernen. Danach wurde die Haut nochmals mehrere Wochen lang in das Kalkbad gelegt, dann auf Holzrahmen gespannt, sauber gekratzt und mehrfach abgeschliffen, bis man eine dünne, glatte Oberfläche erhielt. Bis heute ist Pergament ein Material, das von Buchbindern und Kalligrafen verwendet wird. Ich selbst bearbeite fast jeden Sommer eine Tierhaut zu Pergament.

Das Papier soll im Jahr 105 n. Chr. von Tsai Lun, einem Eunuchen am kaiserlichen Hof in China, erfunden worden sein. Nachdem man zuvor auf steinerne Schreibtafeln geritzt und auf Bambus und Seide gemalt hatte, konnte man nun auf Papier schreiben, das fast genauso leicht und anpassungsfähig war wie Seide, aber nicht so kostbar. Diese ersten Papiere wurden aus alten Fischernetzen, zerschlissenem Stoff und anderen pflanzlichen Materialien angefertigt. Die Herstellung wurde bis weit nach 500 geheim gehalten, erreichte dann zuerst Korea und Anfang des 7. Jahrhunderts schließlich Japan. Bei den Arabern wurde die Kunst der Papierherstellung durch chinesische Kriegsgefangene bekannt, die anfingen, Papier herzustellen, um sich aus der Gefangenschaft freizukaufen. Über die Araber gelangte das Wissen dann nach Spanien, Sizilien und Konstantinopel.

Die Papierherstellung selbst wurde nicht von den Arabern entwickelt, auch wenn sie durch ihre Schulen und Bibliotheken viel zur Verbreitung des Papiers beitrugen. Später modernisierten die Italiener die Herstellungsmethoden und konnten im 13. Jahrhundert Papier von so hoher Qualität herstellen, dass sie damit ein Monopol auf dem europäischen Markt innehatten.

Im Verlauf des 14. Jahrhunderts kamen überall in Europa die ersten Papiermühlen auf. Als Rohmaterial verwendete man Lumpen, zunächst von ausrangierten Leinenstoffen, später dann von Baumwolltextilien. Sie wurden im Stampfwerk zerteilt und in Fasern klein gerissen, bevor sie zu Papierbogen geformt wurden.

Mitte des 17. Jahrhundert wurde in Holland eine Maschine erfunden, die das Stampfwerk ersetzte. Der sogenannte Holländer war, vereinfacht gesagt, ein ovaler Bottich, in dem die Lumpenmasse im Wasser in bahnförmigen Runden getrieben wurde. Mittels einer mit Messern bestückten Walze wurden die Fasern im Bottich zerstückelt.

Dies sind Kopien von Büchern aus der Vatikanischen Bibliothek. Die beiden Bücher links haben einen Umschlag aus Pergament, das Buch rechts einen aus Papier.

Der mit Wasser vermischte Faserbrei (die Pulpe) wird in eine Papierform gegossen und gerüttelt. Die Fasern verhaken sich dabei, während gleichzeitig das Wasser durch das Metallgitter abläuft, mit dem der Boden der Papierform ausgekleidet ist. Die neu geschöpften Bogen werden dann nacheinander auf einer nassen Filzdecke gepresst. Decken und Papierbogen werden dabei übereinandergestapelt und wieder gepresst, bis man zum Schluss die Decken entfernt und die Bogen zum Trocknen aufhängt. Einige Papiermühlen arbeiten bis heute mit ähnlichen Techniken.

Industriell hergestelltes Papier

Anfang des 19. Jahrhunderts trat mit der Erfindung einer neuen Maschine aus Frankreich eine große Veränderung in der Papierherstellung ein. Die Maschine, deren Patent sich Nicolas Louis Robert gesichert hatte, konnte das Formen der Bogen völlig selbstständig erledigen. Sie wurde noch mehrmals verbessert und galt ab 1830 als vollendet. Sie übernahm nun auch alle anderen Schritte im Herstellungsprozess. Überall wurde nun in Papiermaschinen investiert, die Handpapiermühlen waren nicht mehr konkurrenzfähig.

Die steigende Produktion führte dazu, dass die Lumpen nicht mehr ausreichten, und man versuchte, andere Materialien aus dem Pflanzenreich zu finden. Auf mechanischem Weg stellte man eine Holzmasse her, indem man Holz zwischen rotierenden Sandsteinen zerrieb. Doch diese Fasern wurden zu kurz und das daraus gefertigte Papier war nicht sehr haltbar. Mittels chemischer Aufbereitung erhielt man eine Masse aus längeren Fasern und so setzten sich Ende des 19. Jahrhundert immer mehr Fabriken mit chemischer Holzmassenaufbereitung durch.

Die chemischen Aufbereitungsprozesse basieren vereinfacht gesagt darauf, dass die im Holz enthaltenen Lignine (welche die Verholzung bewirken) durch Hitze und Druck aus den Fasern gelöst werden und so deren Auflösung bewirken. Dieser Prozess verläuft nach dem Sulfit- oder dem

Bei diesem Buch sind Innenteil und Umschlag aus handgeschöpftem Papier, das mit verschiedenen Teesorten gefärbt wurde.

Sulfatverfahren. Man gewinnt so eine Masse mit intakten Fasern, die ein kräftiges Papier ergeben. Die chemische Masse wird braun und eignet sich in erster Linie zur Kartonherstellung, kann aber nach dem Bleichen auch für Feinpapiere verwendet werden.

Die Papiermaschine arbeitet nach demselben Prinzip wie bei handgeschöpftem Papier. Doch die nasse Masse wird nicht von Hand, sondern von der Maschine in die Papierform geschüttet, gerüttelt und auf dem Metallgitter entwässert. Danach wird das Papier zum Pressen, Trocknen sowie zur möglichen Weiterverarbeitung wie Glätten, Bestreichen oder Prägen weitergeführt. Bereits in der Papiermasse werden Klebstoff und eventuell Farben zugesetzt.

Zur Auswahl des Papiers

Handgeschöpftes Papier

Handgeschöpfte Papierbogen gibt es in den unterschiedlichsten Qualitäten und Ausführungen. Verschiedene Herstellungsmethoden und Fasertypen verleihen dem Papier seinen grundlegenden Charakter. Darüber hinaus kann es in verschiedenen Farbtönen eingefärbt werden und mit diversen Arten von Dekorationen versehen werden.

Wollen Sie einen Umschlag aus handgeschöpftem Papier für ein Heft oder ein Buch anfertigen, müssen Sie zuerst kontrollieren, ob sich das Papier gut falten lässt. Vielleicht scheidet dann ein fester Bogen aus einem Bananenblatt aus, bei dem man riskiert, dass die Fasern beim Falten brechen, herausstehen, fransig aussehen oder sogar ganz abfallen. Ein Bogen mit sehr kräftigen Fasern macht zwar auch einen starken Eindruck, er dominiert aber auch leicht die Buchform selbst.

Ein Bogen aus Baumwolle oder Leinenlumpen ist hingegen sowohl flexibel als auch stark. Er fühlt sich weich an und eignet sich gut zum Prägen. Ein richtig dicker Bogen handgeschöpftes Papier kann eine schöne Alternative zu dünner Pappe sein.

Überlegen Sie auch, ob Sie den Büttenrand des Papiers in Ihre Arbeit einbeziehen wollen oder ob er stört? Die Ränder von handgeschöpften Papieren sind faserig und unregelmäßig. Wenn das Papier auch beschrieben werden soll, muss das Papier leimhaltig sein, damit die Tinte nicht darauf zerläuft.

Durch die unregelmäßige Oberfläche kann es schwierig sein, Klebestreifen auf handgeschöpftem Papier anzubringen. Bessere Ergebnisse erhält man, wenn man die Klebestellen vorab mit einem Falzbein glatt streicht. Hat das Papier einen filzigen Charakter, kann es ebenfalls schwer sein, Klebestreifen zu verarbeiten. Dann sollte man besser Klebstoff verwenden. Soll das handgeschöpfte Papier bedruckt werden, darf seine Oberfläche nicht zu ungleichmäßig sein, damit die Farben haften bleiben. Bei dünneren asiatischen Bogen und solchen aus Baumwolle geht dies ausgezeichnet.

Die Auswahl an asiatischen, sehr dünnen Papierbogen ist groß. Ihr unterschiedliches Aussehen beruht auf den verwendeten Fasern und ob sie gebleicht sind oder nicht. Es gibt auch schöne handgeschöpfte japanische Papiere mit Siebdruckmotiven. Die dünnen Bogen eignen sich zum Füttern von Stoff oder Papier und für Modelle mit vielen Faltungen. Andere Anwendungsgebiete sind die Herstellung von Büchern oder Dokumenten oder der Druck von grafischen Blättern.

Maschinengefertigtes Papier

Auch dieses Papier gibt es in unzähligen Ausführungen. Es hat eine ganz andere Formsprache; Farben, Design und Inhalte entwickeln sich ständig weiter. Vor einigen Jahren fertigte ich eine Schachtel aus einem italienischen Papier, das Algen enthielt, und neulich habe ich ein Papier gekauft, das Kartoffeln enthält. Es gilt, in dem enormen Angebot das einzigartige Papier zu finden, das zur jeweiligen Arbeit passt.

Säurefreies Papier

Lignin, der Stoff, der die Holzfasern zusammenhält und der beim Aufkochen der Holzmasse unter Druck gelöst wird, enthält viel Säure. Diese bewirkt, dass das Papier vergilbt und von den ultravioletten Sonnenstrahlen abgebaut wird. Bei billigen Papieren wird die Masse nicht vollständig von Lignin gereinigt. Säurefreies Papier hingegen ist basisch und hat eine längere Lebensdauer.

Gestrichenes/ungestrichenes Papier

Gestrichenes Papier wird mit einer Streichmasse bestrichen, die seine Oberfläche glättet. Sie kann matt oder glänzend sein. Bei glänzenden Oberflächen spricht man von »seidenglatt« und »glossy«. Diese Oberflächen können dem Papier einen etwas künstlichen (plastikartigen) Charakter geben; hochgerasterte Bilder erscheinen auf ihnen aber gestochen scharf. Eine Hochglanzoberfläche (»glossy«) glänzt stärker als eine »seidenglatte«. Bei Letzterer ist aber die Bildwiedergabe besser und der Text erscheint reflexfrei.

Es gibt auch gestrichene Papiere mit matter Oberfläche. Bei ihnen hat man den Bestrich etwas aufgeraut, um etwas mehr von dem Papiereindruck zurückzubekommen. Man sollte beachten, dass Klebestreifen schlechter auf hochglänzendem Papier haften. Was das Falzen betrifft (siehe Seite 13), reißen manche gestrichenen Papiere leicht am Falz ein, während andere geschmeidiger sind. Ist das Papier dicker als 170 g/m², kann es sinnvoll sein, es in der Maschine zu rillen (siehe Fachbegriffe auf Seite 111).

Ein ungestrichenes Papier hat eine mehr oder weniger raue Oberfläche und vermittelt eher ein Papiergefühl. Zugespitzt kann aber ein ungestrichenes Papier trotzdem geglättet sein. Dann hat man es kalandriert, das heißt, durch glänzende Walzen mit unterschiedlich hartem Druck gewalzt, um dadurch eine glatte Oberfläche zu erzielen. Eine Zeitlang waren ungestrichene Papiere in Mode, besonders für edle Drucksachen, die sonst auf Hochglanzpapier gedruckt wurden.

Effektpapier

Darunter fallen viele verschiedene Qualitäten von Papieren: gefärbt, fein- oder grobkörnig und geprägt, mit Metallic-Charakter oder in fluoreszierenden Farben.

Ein körniges Papier hat auch eine Form von Prägung. Zurzeit gibt es viele Varianten von körnigen Strukturen, die an Naturmaterialien wie Cord, Holz, Leinen und andere Stoffe erinnern. Während der 1960er- und 1970er-Jahre waren Briefpapiere, Briefumschläge und Visitenkarten mit Leinenprägung hochmodern. Heute sind Prägungen nicht mehr so üblich.

Leporello, bei dem die Einlage sowohl von der Vorder- als auch von der Rückseite geheftet ist

Wie gut man ein Papier bedrucken kann, beruht auf dessen glatter/rauer Oberfläche. Hat es eine grobe Struktur, kann es schwer werden, schöne detailscharfe Bilder zu erhalten, auch Details in der Schrift können betroffen sein. Offsetfarben sind auch transparent, sodass bei einem Papier, das zum Beispiel Stroh enthält, die Farben im Widerdruck durchscheinen. Effektpapiere sind nicht schwer zu falzen. Klebestreifen lassen sich auch gut anbringen, solange die Oberfläche nicht zu ungleichmäßig ist.

Verschiedene Grammaturen

Die Grammatur bezeichnet in erster Linie, wie dick ein Papier ist, aber auch andere Eigenschaften werden beeinflusst, wenn sich die Grammatur verändert. So verändert sich die Lichtundurchlässigkeit (»Opazität«) des Papiers genauso wie seine Steifheit. Heutzutage kann man den Trend zu dickeren Papieren sowohl beim Buchblock als auch beim Umschlag erkennen. Visitenkarten werden sogar auf Karton mit einem Flächengewicht von 600 g/m² gedruckt.

Die Größe des geplanten Projekts hat natürlich Einfluss auf die Stärke des Papiers, das verwendet werden soll. Ein ganz kleiner Buchblock verträgt leichter eine leichte Grammatur und eine größere Arbeit erfordert vielleicht ein stärkeres Papier. Die geplante Verarbeitung spielt auch eine wichtige Rolle: Eine große Arbeit mit vielen Faltungen macht vielleicht ein dünneres Papier erforderlich, damit die Falten schön liegen. Ich persönlich finde 80 g/m² für einen Buchblock zu dünn und nehme gern bis zu 150 g/m². Die Bindung wirkt dann hochwertiger und man geht kein Risiko ein, dass der Druck durch die Seiten schimmert. Als Umschlag mag ich noch kräftigere Sorten, gern bis zu 250 g/m² oder mehr, damit es stabil wirkt. Aber die Wahl des Papiers für die jeweilige Auswahl ist ganz individuell. Mit der Zeit erarbeitet man sich ein Gefühl dafür, was jeweils am besten passt.

Diese handgeschöpften Papiere wurden 1922 bei der Papiermühle Grycksbo (in der mittelschwedischen Provinz Dalarnas län) von der Gräfin von Hallwyl, einer Kunstsammlerin, bestellt. Als sie erfuhr, dass dieses Papier aus alten Bettlaken der Junggesellenbaracken der Mühle gemacht wurde, ließ sie den gesamten Auftrag zurückgehen. Die Rolle aus Birkenrinde ist von den Schachteln inspiriert, in denen die Papiermühle damals ihr Filterpapier verkaufte.

Grundlegende Techniken

Die Laufrichtung beachten

Industriell produziertes Papier hat eine bestimmte Laufrichtung. Die Papiermasse in einer Papiermaschine wird mechanisch in ein und dieselbe Laufrichtung bewegt und die Fasern richten sich dementsprechend aus. Handgeschöpftes Papier hingegen wird von Hand gerüttelt und so in unterschiedliche Richtungen bewegt, wenn das Wasser aus der Papierform abläuft. Die Fasern legen sich dabei kreuz und quer und es entsteht kein deutlicher Faserverlauf.

Um die Laufrichtung eines Papiers zu bestimmen, biegt man das Papier doppelt, ohne es zu falten. Spüren Sie den Widerstand des Papiers, wenn Sie es in die eine und in die andere Richtung falten? Die Richtung mit dem geringsten Widerstand sollte Ihre Faltrichtung sein. Der Falz liegt dann zwischen den Fasern und nicht quer über ihnen.

Eine Schneidematte verwenden

Die Linien auf der Schneidematte sind eine große Hilfe beim Abmessen und Schneiden, aber auch beim Falzen. Indem man das Papier beispielsweise längs zu den waagerechten Linien der Schneidematte legt, lässt sich das Lineal exakt im rechten Winkel anlegen, wenn man sich an den senkrechten Linien der Schneidematte orientiert.

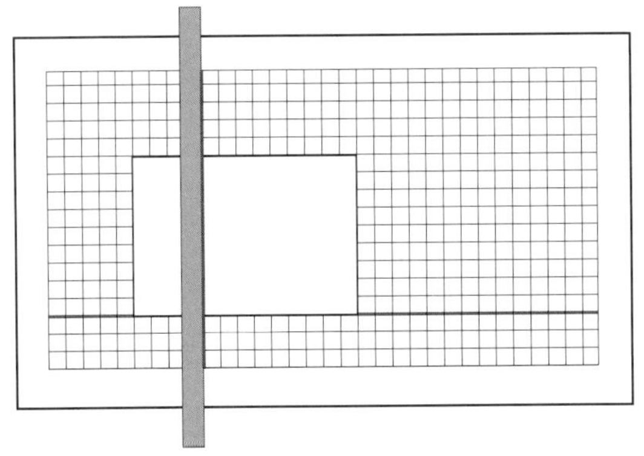

Die Schneidematte ist ein wichtiges Hilfsmittel.

Einen Falz ausführen

Der Begriff »Falz« taucht beim Buchbinden in mehreren Zusammenhängen auf: Ein Falz kann die Faltung auf einer Rillung sein, eine Markierung, die man mit dem Falzbein macht, damit sich das Papier dann leichter falten lässt. Ich verwende den Begriff in diesem Buch ausschließlich in dieser Bedeutung. Ein Falz kann aber auch ein Papierstreifen zwischen zwei Bogen sein, den man wie ein Scharnier befestigt, um es umbiegen zu können. Das macht man, wenn man lose Blätter in einer Lage zusammenbringen will. Eine dritte Bedeutung bezeichnet die rillenförmige Vertiefung, die sich zwischen Buchrücken und Buchdeckel bildet.

Wenn Sie ein Papier falten, sollten Sie den Falz möglichst immer parallel zur Laufrichtung des Papiers ausführen, zum einen, weil man damit richtig schöne Falze erhält, zum andern, weil dann die Seiten im gebundenen Buch natürlicher fallen.

Wenn Sie eine Markierung für einen Falz gemacht haben, richten Sie Ihr Papier senkrecht und waagerecht zu den Linien der Schneidematte aus und schieben dann Ihre Markierung so nah wie möglich an eine der Linien auf der Matte. So gelingt das exakt rechtwinklige Ausrichten des Lineals an der Markierung ganz leicht. Ziehen Sie dann mit dem Falzbein über dem Lineal eine deutliche Markierung (Falz), an der dann gefaltet wird.

Kleben und kleistern

Während meiner Ausbildung als Buchbinderin benutzten wir einfachen Holzklebstoff für den Hausgebrauch. Er war leicht erhältlich und nicht so teuer. Nach all den Jahren benutze ich heute noch immer diesen Holzkleber, auch wenn es inzwischen bessere Klebstoffe gibt, die reversibel (wieder lösbar) und speziell zum Buchbinden geeignet sind. Ich arbeite mit meinem Holzklebstoff, weil ich mit der Zeit herausgefunden habe, wie er reagiert, ich weiß genau, wie stark das Papier aufquillt, wenn ich es verklebt habe, und wie viel oder wenig ich jeweils benötige.

Leinenzwirn gibt es in vielen verschiedenen Farben.

Wenn Sie ein Papier kleben, versuchen Sie, schnell zu arbeiten, damit das Papier durch die Feuchtigkeit nicht allzu sehr aufquillt. Bei kleinen Flächen kann der Klebstoff etwas dicker sein, damit er schnell eindringt und klebt. Für größere Flächen sollten Sie etwas dünnflüssigeren Klebstoff benutzen. Dazu den Kleber mit Wasser verdünnen, bis seine Konsistenz etwas dicker als Buttermilch ist. Den Klebstoff mit einem Pinsel gleichmäßig auf der Unterlage verstreichen. Er trocknet innerhalb von ca. zehn Minuten und bildet eine dünne Schicht.

Während unserer Ausbildung lernten wir auch, selbst Kleister zu kochen. Das mache ich noch immer – man benötigt nur Mehl und Wasser. Es dauert ca. 24 Stunden, bis der Kleister getrocknet ist. Im Unterschied zum Klebstoff, der in getrocknetem Zustand einen Film bildet, wird der Kleister ganz aufgesaugt und geht in dem Material auf.

Wenn man etwas klebt oder kleistert, wird viel Feuchtigkeit zugeführt. Das Material sollte deshalb beim Trocknen mit Gewichten beschwert werden, damit es nicht wellig wird oder beult. Damit die Feuchtigkeit auch entweichen kann, ist es gut, unter und über die Arbeit noch zusätzliches Papier zu legen, das die Feuchtigkeit aufsaugt. Legen Sie Pressbretter über und unter die Arbeit, damit sie zwischen planen Flächen liegt. Diese Pressbretter können aus Holz sein und müssen eine glatte Oberfläche haben. Ich verwende Bretter, die aus weiß laminierten Regalböden zugeschnitten sind. Sie sind glatt und lassen sich leicht trocken wischen.

Irgendeine Art von Gewichten finden Sie sicher zu Hause, wenn nicht, tut es auch ein Stoß Bücher. Ich habe eine Sammlung von alten Wiegegewichten und schweren alten Bügeleisen, die ich auf Flohmärkten gefunden habe.

Beachten Sie, wenn Sie etwas beschweren, dass die Falze dann Abdrücke hinterlassen können. Eine Tasche innen in einem Buch, die beispielsweise über eine halbe Seite geht, wird auf der gegenüberliegenden Seite einen Abdruck hinterlassen. Um das zu vermeiden, legen Sie ein stärkeres Papier dazwischen, das die Abdrücke »auffängt«.

KLEISTER-REZEPT

200 ml Wasser
30 g Weizenmehl

Das Wasser in einen Topf gießen und auf den Herd stellen. Das Mehl nach und nach mit einem Schneebesen einrühren, darauf achten, dass es nicht klumpt. Wer ganz sorgfältig arbeiten will, siebt das Mehl, während es eingerührt wird. Weiter mit dem Schneebesen durchrühren, bis der Brei aufkocht und sich ein dickflüssiger Kleister bildet. Dann in ein Schraubglas füllen und abkühlen lassen.

Wenn Sie den Kleister verwenden möchten, nehmen Sie ein paar Esslöffel davon in eine Tasse und verdünnen ihn mit etwas Wasser.

Der Kleister hält sich im Kühlschrank ungefähr eine Woche.

Unebenheiten ausgleichen

Wenn Sie etwas ausgleichen wollen, was aus irgendeinem Grund uneben geworden ist – zum Beispiel ein Stück Pappe, in dem Sie das Ende eines Bandes versenkt haben – können Sie dafür Papier benutzen. Kleistern Sie ein nicht allzu dünnes Papier über die unebene Fläche. Wenn der Kleister getrocknet ist, schmirgeln Sie die Fläche mit Sandpapier glatt. Dabei verschwindet das ganze Papier, bis auf das, was in der unebenen Stelle gelandet ist. Es funktioniert wie ein Spachtel. Wiederholen Sie die Prozedur, bis Sie mit dem Ergebnis zufrieden sind. Achten Sie aber darauf, Kleister zu verwenden und keinen Klebstoff – dieser bildet einen Film, der beim Abschleifen zäh werden würde.

Mit Klebeband kleben

Das säurefreie doppelseitige Klebeband ist in vielen Breiten erhältlich. Es kann praktisch sein, wenn man schnell arbeiten will und keine Zeit für lange Trockenphasen erübrigen kann, oder bei einer Arbeit, die schlecht mit Gewichten beschwert werden kann. Aber Klebeband ist nicht so gut haltbar wie Klebstoff oder Kleister. Sitzt es an der richtigen Stelle, dann lasse ich die Schutzschicht kleben, während ich die Arbeit probehalber montiere. Ich lege es an die Stelle und schaue, ob es gut sitzt. Wenn ich dann die Schutzschicht entferne und das Klebeband fixiere, weiß ich schon, wie es aussehen soll. Achten Sie darauf, das Klebeband immer etwas vor dem Rand anzusetzen, damit es nicht übersteht. Überstehendes Klebeband sieht nicht schön aus und zudem sammelt sich darunter Schmutz.

Faden wachsen

Um einen kräftigeren Faden für die Heftarbeiten zu erhalten, der sich auch besser verarbeiten lässt, können Sie den Faden wachsen. Dafür zieht man den Faden über ein Stück Bienenwachs. Man kann auch fertig gewachstes Garn kaufen, aber das enthält für meinen Geschmack schon fast zu viel Wachs.

Werkzeug

FÜR DEN ANFANG müssen Sie sich keine riesige Ausrüstung an Werkzeugen zulegen. Mit der Zeit werden Sie feststellen, was Sie noch benötigen.
Die Scrapbooking-Welle der letzten 15 Jahre hat es wesentlich leichter gemacht, an Werkzeug heranzukommen. Dank der großen Nachfrage sind nun die verschiedensten Werkzeuge für Papier preiswert erhältlich.

Schneidematte. Auf ihr lässt es sich gut schneiden und sie schützt zudem die Arbeitsplatte. Diese Matten gibt es in unterschiedlichen Größen und Preisklassen. Wichtig ist dabei, dass die Maßeinheit Zentimeter ist und dass das Karomuster über die gesamte Matte läuft. Achten Sie darauf, dass man bei zu dunklem Hintergrund die Linien nicht mehr gut sieht, wenn sie schwarz sind.

Lineal. Der Kauf eines Stahllineals lohnt sich, denn es bleibt lange stabil. Ein Kunststofflineal schneidet man schnell kaputt.

Pinsel. Es gibt spezielle Pinsel zum Buchbinden, aber am wichtigsten sind Pinsel in passender Größe und einer so guten Qualität, dass sie nicht haaren. Nützlich sind ein paar flache Borstenpinsel, zum Beispiel in Größe 10 und 15, sowie ein kleinerer und ein größerer Rundpinsel.

Falzbein [1]. Zum Rillen, Flachstreichen und Glätten ist ein Falzbein nützlich. Es ist ein klassisches Buchbindewerkzeug, das schon immer aus Knochen gemacht wurde. Man kann es mit Sandpapier schmirgeln, um es so spitz, wie man mag, zu feilen und so, dass es gut in der Hand liegt. Mittlerweile werden auch Falzbeine aus Teflon hergestellt. Diese hinterlassen auf dem Papier nicht so starke Rillen wie die aus Knochen, die gern glänzende Markierungen hinterlassen. Falzbeine gibt es in verschiedenen Größen und es gibt überall Buchbinder, die individuell hergestellte Falzbeine in verschiedenen Formen und Knochenarten anbieten.

Ahle [2]. Mit der Ahle sticht man ein Loch zum Heften oder zum Zusammenfügen mit Musterklammern in das Material. Als Ersatz kann eine Nadel verwendet werden, aber diese ist schwer zu halten und rutscht leicht aus der Hand, wenn sie auf Widerstand trifft. Dann empfiehlt sich, das Nadelende auf einen Korken aufzuspießen, damit Sie etwas zum Festhalten haben. Ahlen gibt es in den unterschiedlichsten Größen und Ausführungen. Für uns eignet sich eine Ahle, die nicht zu grob ist und nicht allzu große Löcher macht.

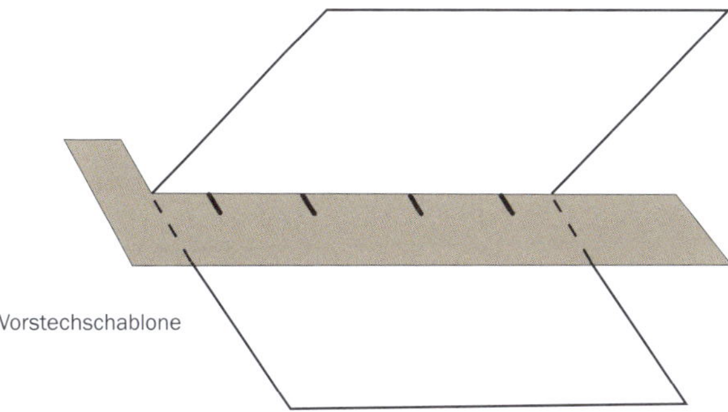

Messer [3]. In den Anfängen kaufte ich teure Skalpelle zum Schneiden. Weil es wichtig ist, immer mit einem scharfen Messer zu arbeiten, wechselte ich häufig die Klinge, so häufig, dass es mir zu kostspielig wurde. Mit der Zeit bin ich dazu übergegangen, preiswerte Cuttermesser zu kaufen, sie funktionieren genauso gut.

Locheisen [4]. Ein mit dem Locheisen ausgestanztes Loch ist gleichmäßig rund und gleichzeitig entfernt man das Material im Lochinneren. Man schlägt die Löcher mit einem leichten Hammerschlag auf das Locheisen. Achten Sie auf eine Stanzunterlage, ansonsten entstehen hässliche Löcher in der Schneidematte. Es reicht ein Stück Pappe. Der Nachteil des Locheisens ist, dass es relativ große Löcher macht. Die kleinsten mir bekannten Locheisen haben einen Durchmesser von 1 mm. Ein mit der Ahle gestochenes Loch kann wesentlich kleiner sein, aber damit entfernt man nicht das Material im Loch.

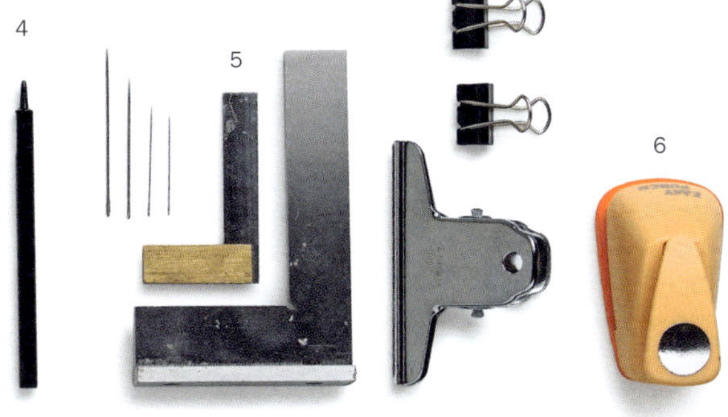

Nadeln. Klassische Buchbindernadeln sind etwas länger und kräftiger als normale Nähnadeln. Wenn ich etwas hefte, nehme ich gern eine so dünne Nadel, wie es der Faden erlaubt, damit die Löcher so zierlich wie möglich werden, besonders, wenn ich mit Papier arbeite. Auch mit normalen Nähnadeln lässt sich ausgezeichnet arbeiten.

Winkel [5]. In manchen Fällen kann ein Winkel (auch Winkelmaß) sehr hilfreich sein. Damit meine ich aber keine Plastikartikel, sondern solche aus solidem Metall, die teilweise auf einem Sockel stehen. Aber es reicht auch ein Fensterbeschlag oder ein kleinerer Winkelhaken – das wichtigste ist, dass er hundertprozentig im rechten Winkel steht.

Bleistift und Radiergummi. Verwenden Sie einen Druckbleistift, damit die Spitze auch schön spitz ist. Ist der Bleistift nicht spitz genug, werden die Markierungen nicht exakt.

Vorstechschablone. Ein einfaches Hilfsmittel zum Zusammenheften mehrerer Lagen. Mithilfe der Markierungen auf der Vorstechschablone lassen sich die Löcher auf allen Lagen an der gleichen Stelle stechen. Fertigen Sie aus kräftiger Pappe Ihre eigene Vorstechschablone (siehe Zeichnung oben). Legen Sie die Papierlage in den Winkel der Schablone, auf der die Markierungen eingezeichnet sind. Mithilfe der Ahle stechen Sie dann die Löcher exakt entsprechend der Markierungen in die Lage.

Stanzer [6]. Es gibt viele verschiedene Ausführungen. Für uns sind Stanzer nützlich, die Kreise in verschiedenen Größen ausstanzen, sowie Modelle, die Ecken abrunden.

Inspiration

WIE JEDER ANDERE bin auch ich von meiner Heimat geprägt. Ich bin am schwedischen Siljansee aufgewachsen, wo das Kunsthandwerk eine lange Tradition hat. Das beruht teils darauf, dass der Boden hier nicht überall fruchtbar war. Dafür gab es jede Menge Rohmaterial, das sich zum Werken und Handarbeiten eignete. Man werkelte nicht nur für den Hausgebrauch, sondern versuchte, die Sachen auch zu verkaufen. In Mora, wo meine Werkstatt liegt, verkaufte man zwölf verschiedene kunsthandwerkliche Produkte. Es wird berichtet, dass Handwerker aus der Gegend im 16. Jahrhundert ihre Rucksäcke damit füllten und sogar bis über die Grenze wanderten, um ihre Waren und Dienste anzubieten.

Auf ihren Wanderungen erhielten die Kunsthandwerker Einblicke in viele verschiedene Kulturen. Dabei entwickelte sich nicht notwendigerweise das Handwerk weiter, aber man lernte, die eigenen Fertigkeiten und Produkte besser zu schätzen. Die gestiegene Wertschätzung bewirkte, dass man seine Handwerkskünste bewusster bewahrte. Diese mutigen und tatkräftigen Unternehmer haben mich sehr inspiriert. Ich glaube auch, dass ich von ihrem praktischen Verhältnis zum Kunsthandwerk beeinflusst worden bin.

Heute können wir uns Inspirationen in schier unbegrenzter Menge fast aus der ganzen Welt holen. Durch das Internet können immer mehr Menschen das sehen und lesen, was früher nur schwer zugänglich war. Das hat natürlich seinen Reiz, aber richtig interessant ist, was wir damit anfangen. Ich mache gern etwas, was man benutzen kann, und ich schaue gern, wie man früher auf neue Ideen gekommen ist. So habe ich eine Schwäche für Musterbücher mit Sammlungen von Stoffproben, gefärbten Pappen oder Nähtechniken. Außerdem sammle ich Etuis, die verschiedene Varianten von alten Nadelmäppchen und andere pfiffige Lösungen zur Aufbewahrung von Nähzubehör enthalten.

Mit welchen Traditionen und handwerklichen Fertigkeiten sind Sie aufgewachsen und hat Sie das inspiriert?

Die beiden »Pferdebücher« aus Leder sind in Zusammenarbeit mit der Sattlerin Ulla Jons entstanden.

Oben links liegt ein Heft in Fadenbindung. Den Umschlag habe ich aus einem alten, handgewebten Leinenhandtuch gefertigt, bei dem ich die Kanten umhäkelt habe. Die Knöpfe sind aus Garn, das Knopfloch gehäkelt und der Titel mit Laser graviert.

Auf der Abbildung sieht man ein Buch mit Taschen, in denen Buchstabenkarten stecken. Ein japanisches Musterbuch in Fadenbindung enthält verschiedene Stickereien auf Papier. Der Köcher ist ein Nähetui, das mit rotem Glanzpapier bezogen ist. Daneben ein verzierter Nadelbrief aus Papier (man beachte die metallfarbenen Papierchen, die gefalzt wurden, um die Nadeln zu fixieren). Rechts ein Etui mit mehreren Seiten, auf der mittleren sind Nadeln verwahrt, die beiden anderen haben Fächer für Nadeln, Faden und anderes; dazu ein kleines Papieretui mit einem Fenster, das sechs Rollen Seidengarn in verschiedenen Farbtönen enthält. Ein Leporello mit Platz für zwei Fotografien auf jeder Seite und ein versiegelter Nadelbrief aus festem Papier mit Werbeaufdruck auf dem Umschlag.

Orientalische Heftung mit verdecktem Rücken. Die Umschläge bestehen aus handgeschöpftem Papier mit verschiedenen Ausstanzungen.

Projekte

EINLAGIGES HEFT MIT FADENBINDUNG

Kleine dünne Notizbücher machen sich allein oder auch als Sammlung gut. Sie lassen sich toll verschenken oder helfen Ihnen, in einem größeren Format gefertigt, den Überblick über Ihre Notizen zu behalten. Auch als wunderschöne »Verpackung« für eine Glückwunschkarte, ein Los oder eine Grußkarte können diese Notizbüchlein nützlich sein. Sie sind schnell hergestellt und können vielfältig dekoriert werden.

MATERIAL

- Karton für den Umschlag, ca. 200–350 g/m^2
- Weißes oder farbiges Papier für den Innenteil, nicht zu dünn, damit es hochwertiger wirkt, ca. 100–120 g/m^2
- Faden zum Heften, zum Beispiel Klöppelgarn, das in vielen Farben erhältlich ist, oder kräftiger Leinenzwirn. Nehmen Sie am besten einen nicht zu dicken Faden, damit es hübscher aussieht.
- Kariertes Papier (wenn Sie Kreuzstiche sticken wollen)
- Klebeband – einfach oder doppelseitig, am besten säurefrei

WERKZEUG

- Schneidematte
- Stahllineal
- Skalpell oder scharfes Cuttermesser
- Nähnadel, spitz und am besten etwas länger
- Dünne Ahle, alternativ eine Nadel
- Falzbein
- Schere
- Bleistift, am besten Druckbleistift

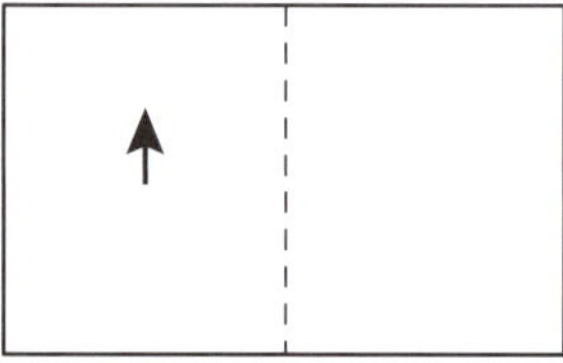

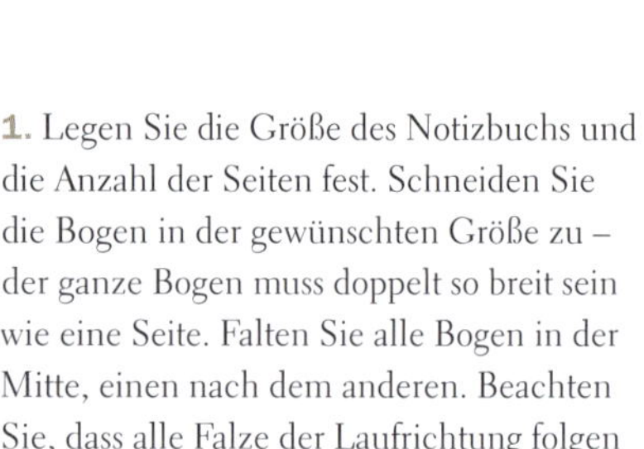

1. Legen Sie die Größe des Notizbuchs und die Anzahl der Seiten fest. Schneiden Sie die Bogen in der gewünschten Größe zu – der ganze Bogen muss doppelt so breit sein wie eine Seite. Falten Sie alle Bogen in der Mitte, einen nach dem anderen. Beachten Sie, dass alle Falze der Laufrichtung folgen sollen. Nehmen Sie kein zu dünnes Papier. Ich nehme meist 100–120 g/m², damit es hochwertig wirkt.

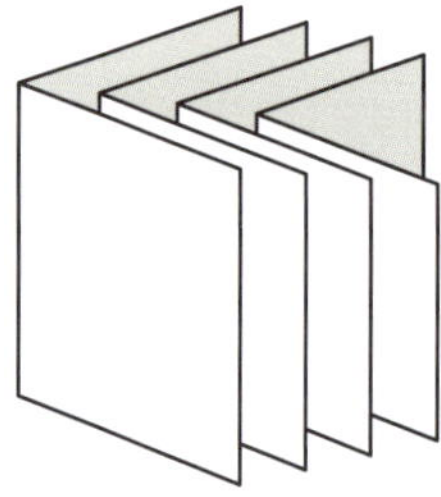

2. Legen Sie alle Bogen zu einer Lage aufeinander. Wie viele Bogen Sie für eine Lage nehmen können, hängt von der Dicke des Papiers ab und davon, wie viele Seiten Sie haben wollen. Bei zu vielen Bogen oder zu dickem Papier lässt sich das Buch schlecht schließen. Für dieses kleine hübsche Notizbuch habe ich mich für eine Lage mit vier Bogen entschieden.

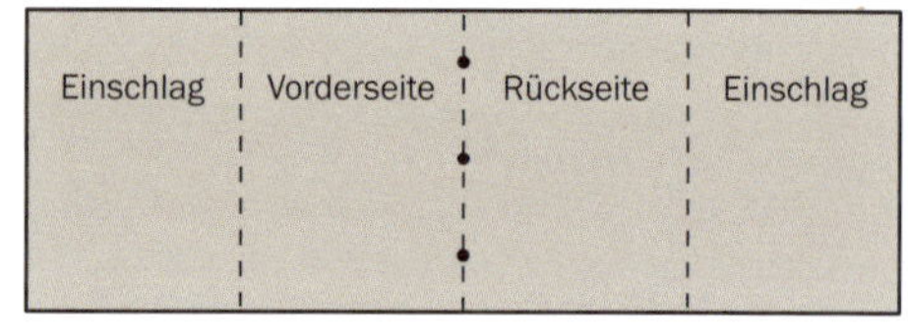

3. Einen Umschlag aus Karton zuschneiden. Soll die Vorderseite bestickt oder dekoriert werden, empfiehlt es sich, Einschläge einzukalkulieren. Der Einschlag wird nach innen eingeschlagen und verbirgt so die Rückseite der Stickerei.

Der Umschlag muss dieselbe Höhe wie der Innenteil haben; Vorder- und Rückseite müssen 2 mm breiter sein. Der Innenteil muss etwas schmaler sein als der Umschlag, damit es am Rücken nicht zu eng wird. Falzen Sie Rücken und Einschläge.

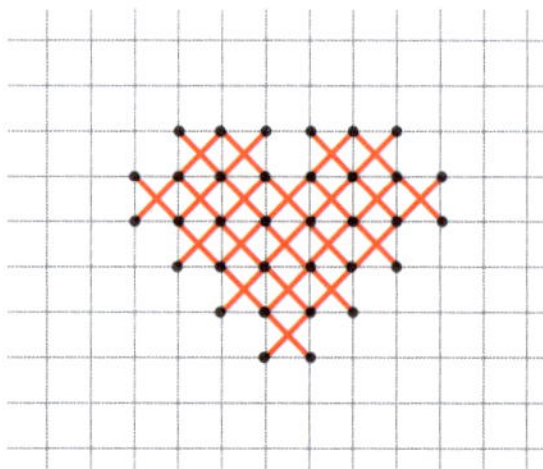

4. Jetzt können Sie den Umschlag besticken. Ein Kreuzstichmuster am besten auf Karopapier (beispielsweise auf 3 x 3 mm) vorzeichnen. Die gezeichnete Vorlage auf den Umschlag legen und alle Einstiche mit einer Ahle oder einer Nadel vorstechen. Dabei nicht zu große Löcher stechen, sie dienen nur zur Markierung. Sticken Sie das Motiv mit einer dünnen Nadel und dünnem Stickgarn. Die Enden mit säurefreiem Klebeband auf der Rückseite ankleben.

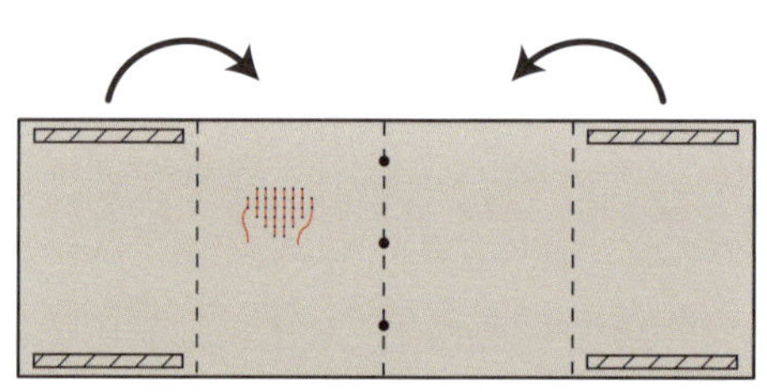

5. Legen Sie einen Streifen säurefreies Doppelklebeband an die Innenseite des Einschlags. Es reicht, wenn man ein Stück oben und unten am Rand anklebt. Wenn die Vorderseite nicht dekoriert wurde, kann der Einschlag auch lose bleiben und muss nicht angeklebt werden. Den Einschlag zum Rücken hin falten.

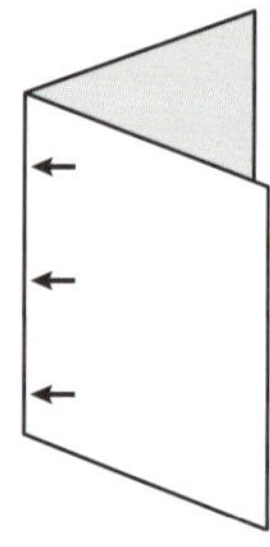

6. Stechen Sie nun Löcher in die Lage und den Umschlag. Bei einem kleineren Buch reichen drei Löcher. Stechen Sie von innen nach außen. Dabei ist es wichtig, dass alle Blätter Kante an Kante liegen. Am besten kann man dabei Bogen und Umschlag zusammenhalten, wenn man das Buch eine Spur zusammenbiegt. Nehmen Sie eine spitze lange Nadel und achten Sie darauf, nicht zu große Löcher zu stechen.

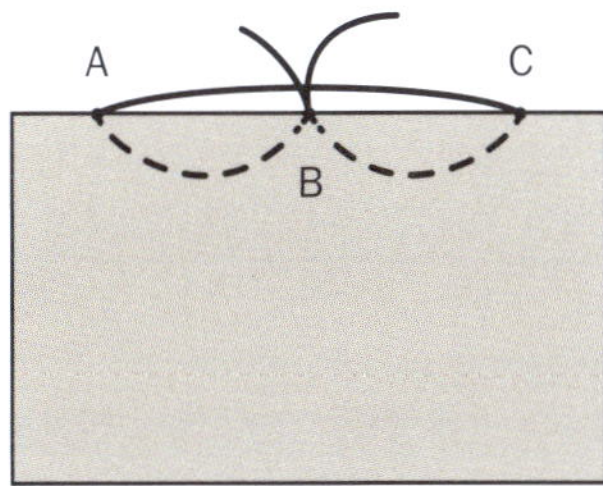

7. Faden in die Nadel einfädeln. Er muss ca. 2,5-mal länger sein als die Buchhöhe.

Von außen nach innen heften. In Loch B einstechen und in Loch C ausstechen, den Faden entlang des Heftrückens laufen lassen. Dann in Loch A ein- und in Loch B wieder ausstechen. Den Faden abschneiden. Darauf achten, dass die Fadenenden auf jeder Seite des langen Stiches auf dem Rücken liegen. Den Faden nun stramm ziehen, aber nicht so fest, dass das Papier reißt. Die Enden mit einem Doppelknoten sichern.

8. Wenn Sie ein größeres Buch anfertigen, heften Sie es mit mehreren Löchern, damit es stabiler wird. Es muss immer eine ungerade Zahl von Löchern sein: 5, 7, 9, 11 usw.

VARIANTE

Vielleicht möchten Sie auch Taschen in Ihr Buch einarbeiten? Dann schneiden Sie einfach die obere Lasche von schönen Briefumschlägen ab, falten den restlichen Umschlag mittig und fügen diese Umschläge zu einer Lage zusammen.

Eine Karte mit Einstecktaschen (zum Beispiel für Lose, Geschenkkarten oder etwas Ähnliches) fertigt man genauso, aber nur aus einem Briefumschlag. Sie können natürlich auch Blätter und Taschen abwechselnd in Ihr Notizbuch einfügen, um es durch »Fächer« zu unterteilen.

Ihre Hefte können Sie in einer passenden Schachtel aufbewahren. Eine Anleitung dafür finden Sie auf Seite 30.

ZWEILAGIGES HEFT MIT FADENBINDUNG

In diese Notizbücher mit zwei Lagen können Sie etwas mehr hineinschreiben, haben aber auch Platz, um zusätzliche Zettel, Ausschnitte oder Fotos einzulegen. Der Ausgleich im Rücken macht das Heft breiter und erlaubt auch eine dickere Einlage. Als Ausgleich habe ich Knöpfe und ein Stück Lineal verwendet, in das ich Löcher gebohrt habe.

MATERIAL

Karton für den Umschlag, ca. 200–350 g/m^2

Weißes oder farbiges Papier für den Innenteil, nicht zu dünn, damit es hochwertiger wirkt, ca. 100–120 g/m^2

Faden zum Heften, zum Beispiel Klöppelgarn, das in vielen Farben erhältlich ist, oder kräftiger Leinenzwirn. Nehmen Sie am besten einen nicht zu dicken Faden, damit es hübscher aussieht.

Ausgleich im Rücken – Knöpfe, Zollstock, Leder, bestickte Pappe oder anderes Material in der passenden Dicke und Breite zu Ihrem jeweiligen Buch

WERKZEUG

Schere

Schneidematte

Stahllineal

Skalpell oder scharfes Cuttermesser

Nähnadel, spitz und am besten etwas länger

Dünne Ahle, alternativ eine Nadel

Falzbein

Vorstechschablone

1. Zwei Lagen Papier zuschneiden und diese wie für das Heft mit einem Bogen falten (siehe Seite 24).

2. Einen Umschlag aus Karton mit derselben Höhe wie die Papierlagen zuschneiden. Wollen Sie die Vorderseite mit einer Stickerei oder mit Knöpfen dekorieren, sollten Sie einen Einschlag einkalkulieren. Die Breite berechnet man so wie beim Heft mit einem Bogen, gibt aber zusätzlich 20 mm im Rücken dazu. Die Gesamtbreite des Umschlagpapiers ergibt sich also aus 2 Einschlägen + 2 äußeren Umschlagseiten + 20 mm. Im Rücken mittig einen Mittelfalz arbeiten sowie je einen Falz 10 mm seitlich des Mittelfalzes. Wird ein Einschlag eingeplant, muss auch dieser gefalzt werden.

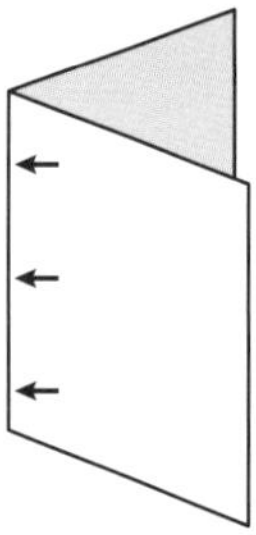

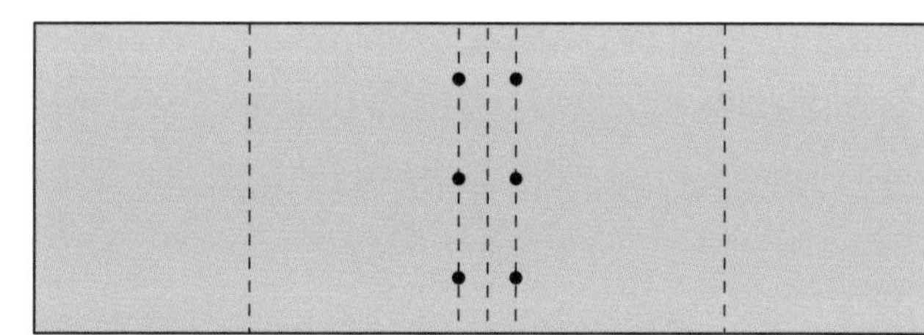

3. Zuerst in die Papierlagen Löcher für die Bindung stechen, dann in die äußeren Falze des Umschlags. Sämtliche Löcher von Lagen und Umschlag müssen genau übereinanderliegen. Am besten eine Vorstechschablone zu Hilfe nehmen.

Für ein kleineres Buch reichen drei Löcher. Stechen Sie die Löcher von innen nach außen und achten Sie darauf, dass die Bogen dabei genau Kante an Kante liegen. Leichter geht es, wenn man die Papierlagen und den Umschlag getrennt locht. Keine zu großen Löcher stechen. Einen kräftigen Faden in die Nadel fädeln, der ungefähr doppelt so lang wie die Hefthöhe ist.

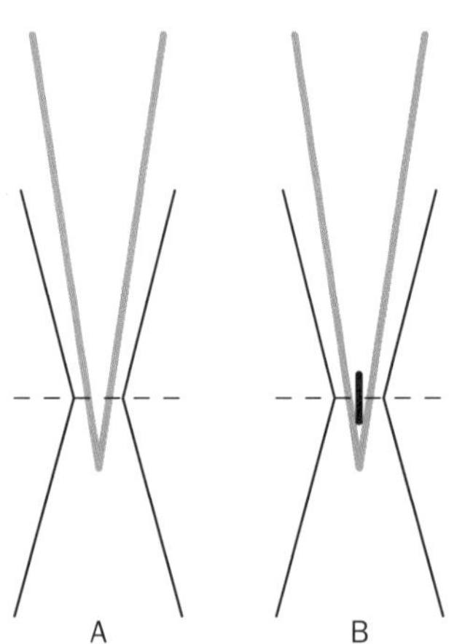

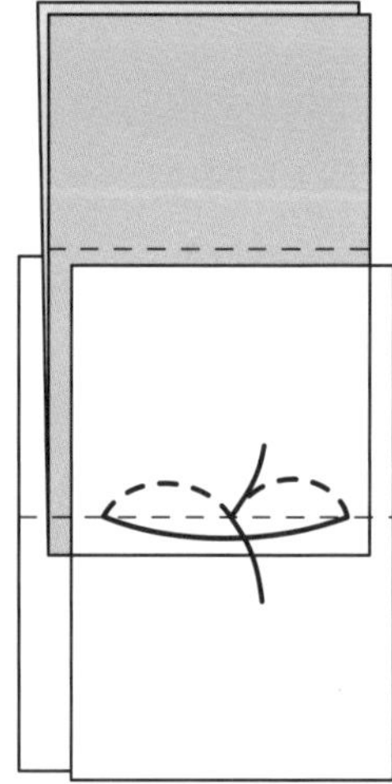

4. Hier werden beide Lagen gleichzeitig mit dem Umschlag geheftet. Falten Sie den Umschlag im Mittelfalz (also in der Mitte) und legen Sie eine gelochte Lage auf jede Seite, sodass alle Löcher mittig übereinanderliegen (Zeichnung A). Möchten Sie einen Ausgleich im Rücken einarbeiten, legen Sie ihn in den Umschlag (Zeichnung B). Das Ausgleichsmaterial macht den Rücken etwas breiter und ermöglicht, dass man etwas im Heft einlegen kann, ohne dass es seine Form verliert. Passen Sie die Dicke des Ausgleichs danach an, wie breit der Rücken werden soll, bedenken Sie aber, dass das Papier im Rücken um das Ausgleichsmaterial führen muss.

5. Heften Sie es genauso wie das Heft mit einem Bogen – nur dass Sie nun inwendig in einer Lage anfangen und enden.

Stechen Sie zuerst durch das mittlere Loch der ersten Lage, dann durch den Umschlag, ggf. durch den Ausgleich, den Umschlag und zuletzt durch die zweite Lage.

Dann die Bindung in einem der äußeren Löcher der zweiten Lage fortführen, weiter durch den Umschlag, ggf. durch den Ausgleich, den Umschlag und zuletzt durch die erste Lage. Gehen Sie dann längs zum Rücken in die erste Lage und von dort in das zweite äußere Loch, dann durch den Umschlag, ggf. durch den Ausgleich, den Umschlag und zuletzt durch die zweite Lage.

Dann gehen Sie zurück in das mittlere Loch durch das ganze Material, um am Ausgangspunkt wieder auszustechen. Darauf achten, dass alle Fadenenden seitlich des langen Stiches auf dem Rücken liegen. Den Faden stramm ziehen, die Enden mit einem Doppelknoten sichern.

Es gibt so viele schöne, interessante Drucksachen, die nur von kurzer Lebensdauer sind und dann weggeworfen werden. Ich denke da an Plakate, Eintrittskarten, Zeitungstitel, Einladungskarten und andere. Sammeln Sie schöne Stücke, die noch verwendet werden können.

Die Abbildung zeigt Hefte in Hoch- und Querformaten sowie Umschläge, die alle aus Ausstellungsplakaten und Faltblättern gemacht wurden.

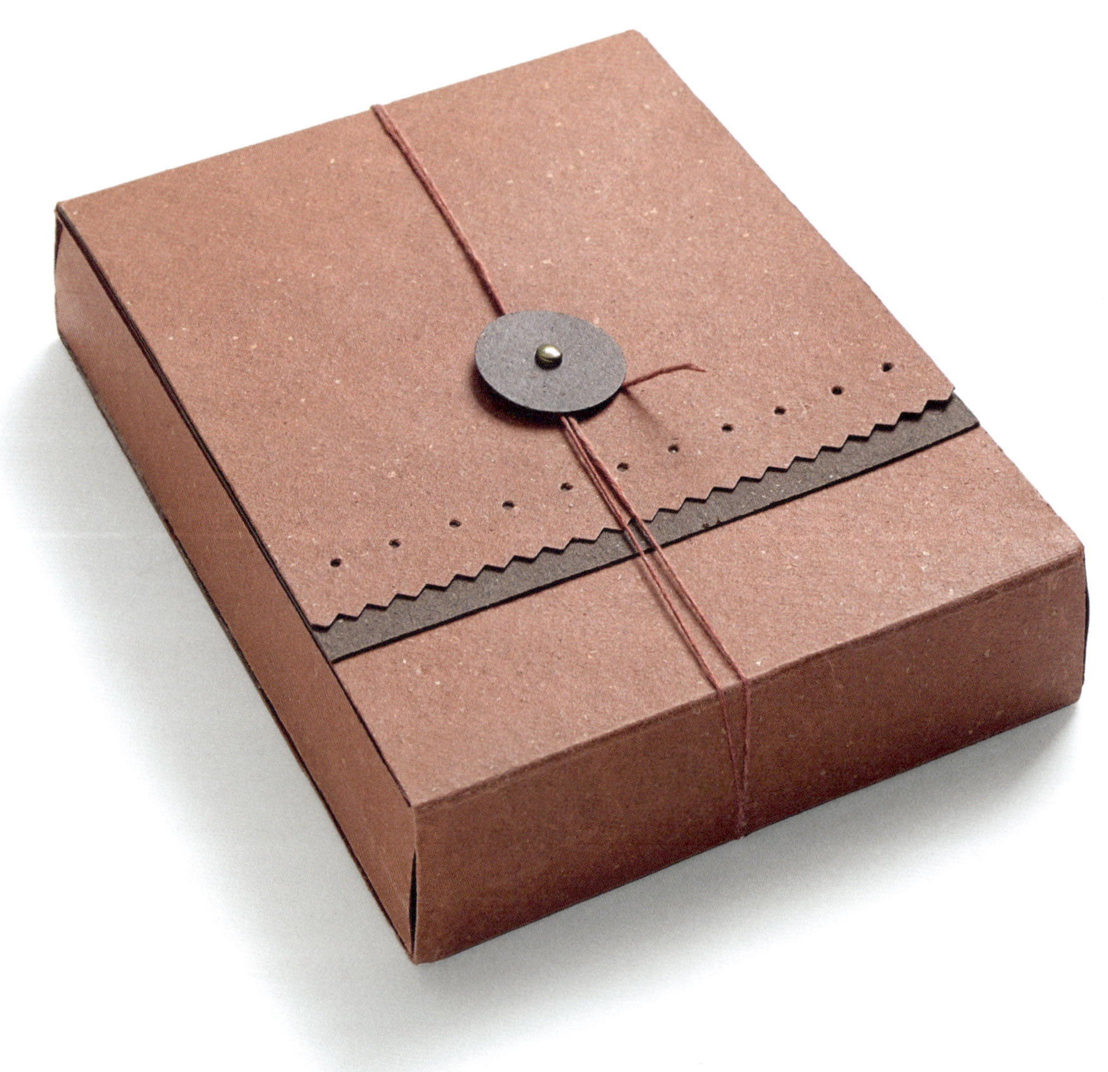

SCHACHTEL

Um die Sammlung Ihrer schönen Notizbücher zu schützen, können Sie eine maßgefertigte Schachtel anfertigen. Sie eignet sich auch gut, um Stöße von Notizen, Mustern, Rezepten, Noten, Fotos und anderen Sachen aufzubewahren.

MATERIAL

Karton, ca. 200–350 g/m^2
(je größer die Schachtel, desto kräftiger der Karton)
Musterklammern zum Verschließen in passender Größe
Faden für den Verschluss
Doppelseitiges Klebeband, am besten etwas breiter (je größer die Schachtel, desto stärkeres Klebeband)

WERKZEUG

Schneidematte
Stahllineal
Skalpell oder scharfes Cuttermesser
Dünne Ahle, alternativ eine Nadel
Falzbein
Stanzer für die Kreise, falls vorhanden

Es passiert leicht, dass die Schachtel zu groß gerät. Versuchen Sie, sie so präzise wie möglich zu arbeiten – so wird der Inhalt am besten geschützt, weil er nicht in der Schachtel herumrutscht.

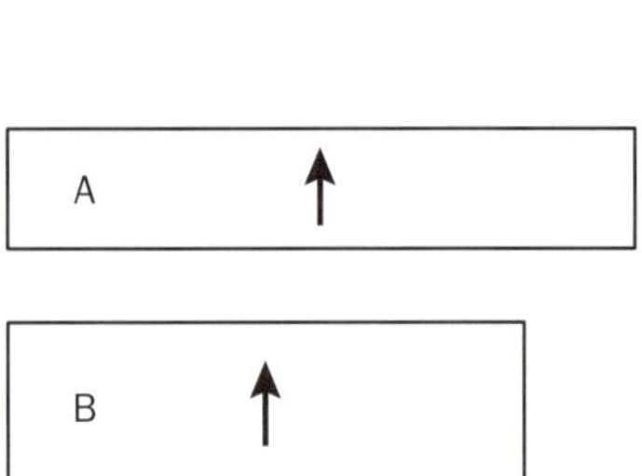

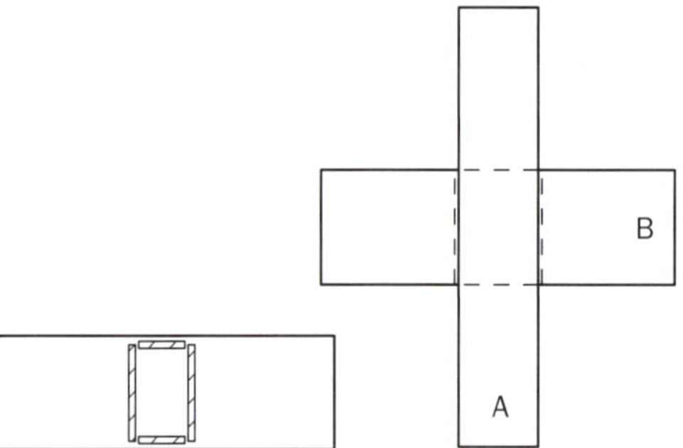

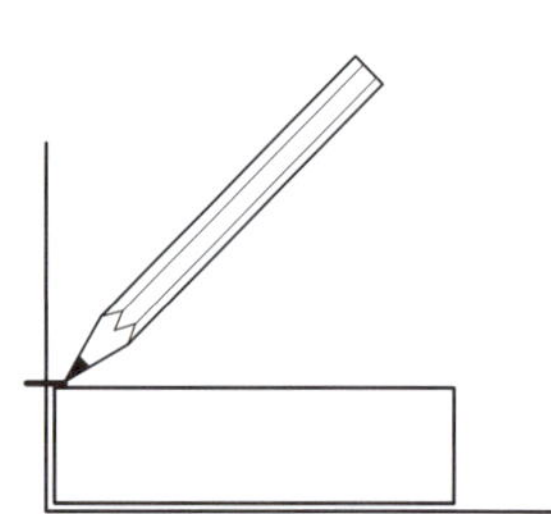

1. Schneiden Sie zwei rechteckige Stücke Karton in Laufrichtung parallel zur kurzen Seite.

Die kurze Seite von Teil A entspricht der Breite des Inhalts + »eine Haaresbreite«. Die Längsseite muss etwa 4-mal der Breite des Inhalts entsprechen.

Die kurze Seite von Teil B entspricht der Höhe des Inhalts + »eine Haaresbreite«. Die Längsseite muss etwa 4-mal der Höhe des Inhalts entsprechen.

2. Kleben Sie Teil A mit starkem Doppelklebeband so auf Teil B, dass beide ein Kreuz bilden. Es ist wichtig, dass die beiden Stücke im rechten Winkel zueinander stehen. Die Linien der Schneidematte sind beim Übereinanderlegen eine gute Hilfe.

3. Rillen Sie mithilfe des Lineals die ersten vier Falze für den »Boden« der Schachtel.

4. Für die Wände den Inhalt auf den Boden legen und eine der Seiten von Teil B nach oben falzen. Um die Höhe der Seitenwand zu ermitteln, den Inhalt mit dem Stoß Papier etwas zusammendrücken und auf dieser Höhe eine Markierung an die Seitenwand setzen. An dieser Markierung falzen. Das übrige Stück dieses Seitenteils (liegt später obenauf) auf die Breite des Bodens beschneiden. Mit der gegenüberliegenden Seite genauso verfahren. Beachten, dass das erste Seitenteil nun auf dem Inhalt liegt und die Höhe etwas verändert.

Mit den Seitenwänden von Teil A genauso verfahren. Der Inhalt + zwei Seitenteile sollen an der einen Wand Platz haben, der Inhalt + drei Seitenteile an der anderen. Das letzte Seitenteil ergibt den Deckel.

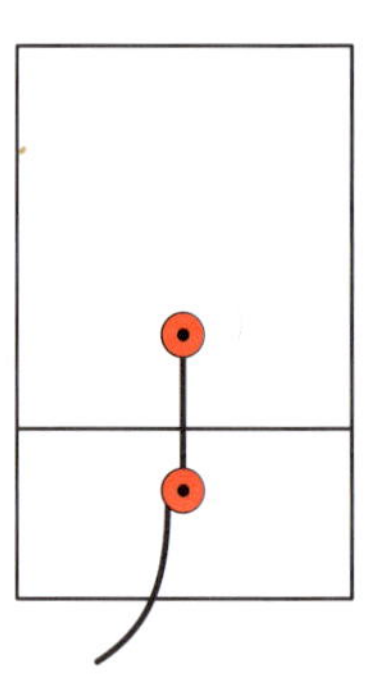

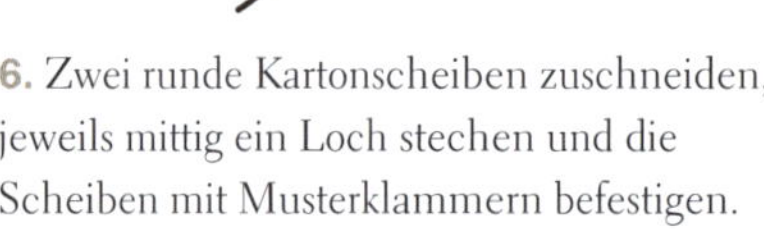

5. Den Deckel zuschneiden. Er soll gut zwei Drittel der Schachtel bedecken, damit Platz für den Verschluss bleibt. Den Verschluss habe ich aus Kartonscheiben und Musterklammern gefertigt.

Die Stelle des Verschlusses auf dem Deckel und der darunterliegenden Klappe markieren. Die Löcher mit der Ahle stechen.

6. Zwei runde Kartonscheiben zuschneiden, jeweils mittig ein Loch stechen und die Scheiben mit Musterklammern befestigen.

7. Verknoten Sie einen Faden unter der Scheibe auf dem Deckel. Das eine Ende so abschneiden, dass es nicht zu sehen ist, und das andere Ende um die Scheibe auf der unteren Klappe wickeln.

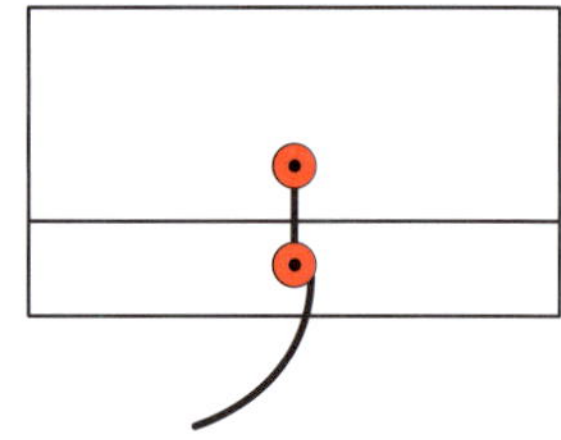

VARIANTE

Variieren Sie die Schachtel in einem Querformat.

Sie können auf dem Deckel auch nur eine Kartonscheibe als Verschluss anbringen. Dann wickeln Sie den Faden um die Schachtel, bevor Sie ihn wieder an der Kartonscheibe oben befestigen.

Fadenverschluss ...

Stechen Sie zuerst die gewünschte Anzahl Löcher mit jeweils 5 mm Abstand. Dazu ein Locheisen mit 1 mm Durchmesser verwenden. Einen etwas kräftigeren Faden in die Nadel fädeln und am Ende verknoten. Er sollte so lang sein, dass man ihn auch noch um das Buch oder einen Knopf herumwickeln kann. Sticken Sie dann wie auf der Zeichnung unten angegeben.

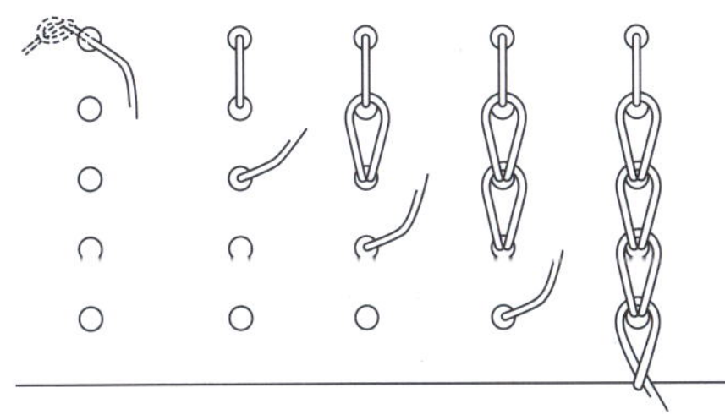

Dieser Verschluss eignet sich für einfache Karten ebenso wie für anspruchsvolle Bindearbeiten.

... und Muster für Knöpfe

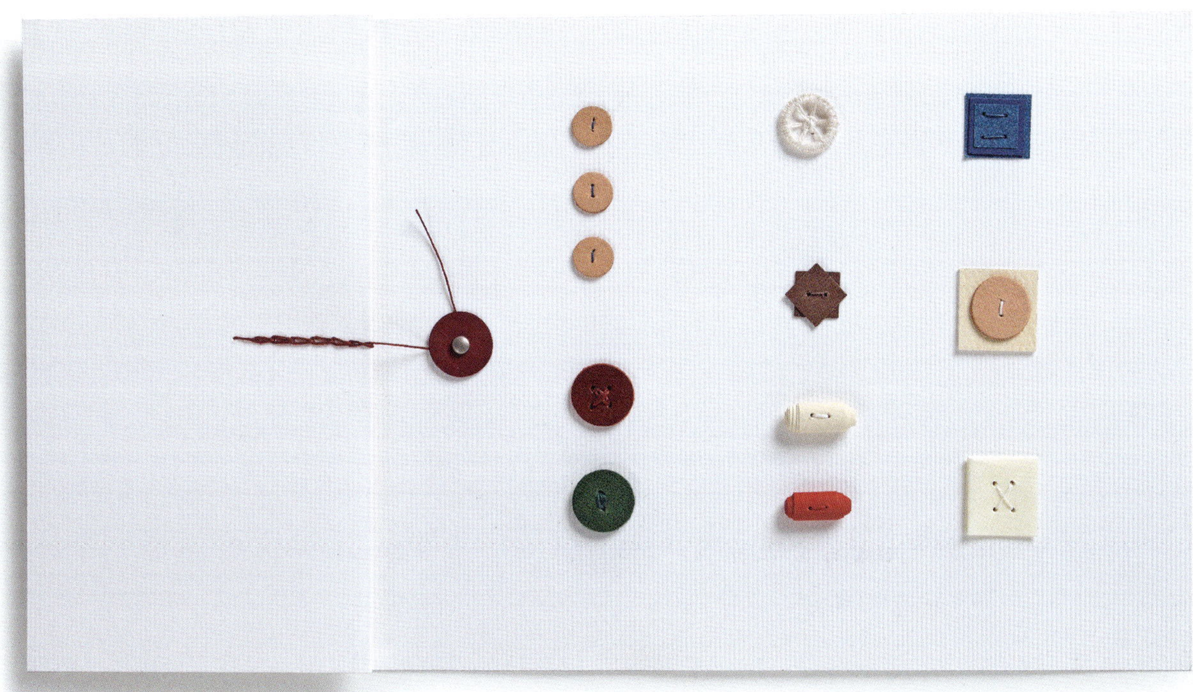

SAMMELKARTE

Sammeln Sie Ihre kleinsten Schätze in einer originellen Karte. Schöne kleine Dinge, die man vielleicht verschenken oder einfach selbst aufheben will. Sachen, die einem lieb und teuer sind, die sortiert werden sollen und die sich zusammen am besten machen. Oder warum nicht eine praktische Sammelkarte, die alle Häkel- und Stricknadeln schön ordentlich aufbewahrt?

MATERIAL

Karton für den Umschlag, ca. 300–350 g/m²
Faden zum Befestigen der kleinen Dinge, alternativ Elastikfaden
Perle für den Knoten des Elastikfadens
Doppelseitiges Klebeband, am besten säurefrei

WERKZEUG

Schere
Schneidematte
Stahllineal
Skalpell oder scharfes Cuttermesser
Nähnadel
Dünne Ahle, alternativ eine Nadel
Falzbein
Eventuell Stempel und Stempelkissen zum Dekorieren

Einer meiner Schüler kam auf die pfiffige Idee, für den Verschluss einfach einen Elastikfaden durch einen Knopf zu ziehen und die beiden Enden zu verknoten. Die Schnur bindet man rund um die zusammengefaltete Karte und verschließt sie, indem man die Schlaufe über den Knopf zieht.

1. Die hier beschriebene Karte hat vier Seiten und wird doppelt gearbeitet. Zuerst fertigt man die innere Karte, auf der die ausgesuchten Gegenstände befestigt werden. Legen Sie zuerst die Höhe der Karte fest und wie breit die Seiten werden sollen. Berechnen Sie die Länge des Papiers mit 4-mal Seitenbreite + 3 Rücken. Geben Sie bei der Länge sicherheitshalber etwas zu, weil Sie die exakte Breite der Rücken noch nicht kennen. Richten Sie das Papier in Laufrichtung zur Höhe aus.

2. Falzen Sie alle Teile der Karte – 4 Seiten und 3 Rücken. Beginnen Sie an einer Außenkante. Legen Sie die Breite dieser Außenseite fest und arbeiten Sie Falz A. Um dann zu wissen, wie breit der Rücken sein muss, berechnen Sie die Höhe der Gegenstände, die auf den beiden ersten Seiten angebracht werden sollen. Arbeiten Sie dann den diesem Maß nächstliegenden Falz: Falz B. Die nächste Seite der Karte wird 1 mm breiter als die erste Seite, damit die erste genügend Platz hat, wenn man sie einklappt. Dann Falz C ausführen.

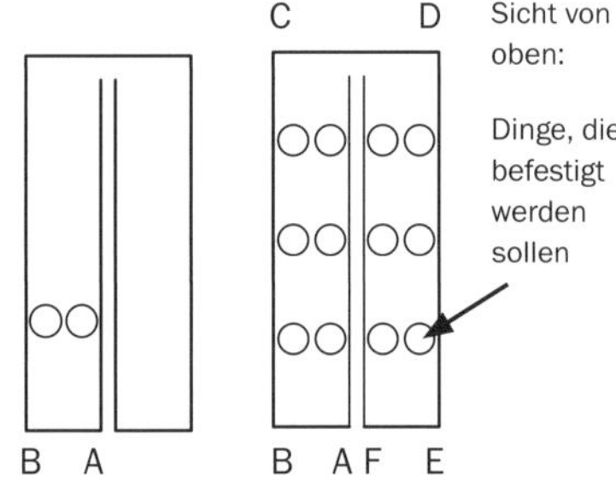

Für den mittleren Rücken müssen Sie die Breiten des gesamten Inhalts berechnen. Das heißt: Höhe (Dicke) der Gegenstände sowie die Dicke der zwei Papierschichten. Falz D arbeiten. Dann Falz E und F im selben Maß wie A und B falzen. Sollte noch Papier überstehen, wird es abgeschnitten.

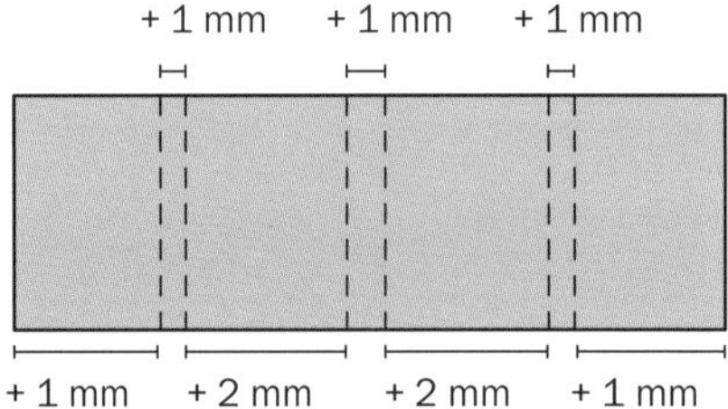

3. Alle Gegenstände befestigen. Markieren Sie sich eventuell die Stellen mit dem Lineal. Ich bin seitenweise vorgegangen und habe erst alle Sachen ausgelegt und Löcher mit der Ahle markiert. Dann habe ich alles mit kräftigem Nähgarn angenäht und die Fadenenden auf der Rückseite vernäht. Alternativ alle Gegenstände hintereinander mit dünnem Elastikfaden annähen. Den Faden mit einer Perle als Stopper am Anfang und am Ende fest vernähen. Dann schiebt man die Gegenstände unter den Faden und kann sie bei Bedarf auch wieder herausziehen.

4. Die äußere Karte wird so wie die Innenkarte angefertigt, nur die Maße müssen etwas erweitert werden, damit die Innenkarte genügend Platz hat, siehe Abbildung oben. (Auf der äußeren Karte werden keine Gegenstände angebracht.)

5. Die beiden Karten mit extrastarkem Doppelklebeband zusammenkleben. Hier empfiehlt sich Teppichklebeband. Bringen Sie ein Stück Klebeband auf der Innenseite des mittleren Rückens der Außenkarte an und legen Sie dann die Innenkarte auf: mittleren Rücken auf mittleren Rücken und Kante an Kante an den oberen und unteren Rändern. Probieren Sie es zuerst ohne Klebeband, damit Sie sehen, wie die Teile liegen müssen.

Ich lasse die Seiten lose, damit ich Sachen auch später hinein- und herausnehmen kann und die Seiten mehr Bewegungsfreiheit haben.

VARIANTE
Die Klappkarte kann auch gut zu einer Glückwunschkarte abgewandelt werden. Dann reichen auch drei Seiten mit einfachem Umschlag.

Hier sind die Maße meiner vierseitigen »Knopfkarte«. Denken Sie daran, die Maße nach der Höhe Ihrer Gegenstände und der Dicke des verwendeten Kartons anzupassen.

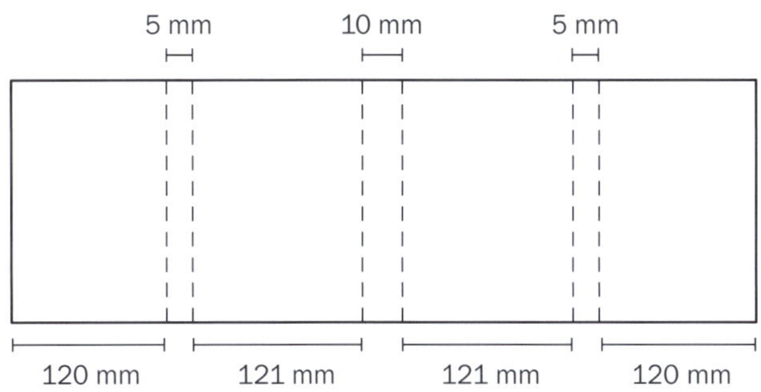

Innenkarte

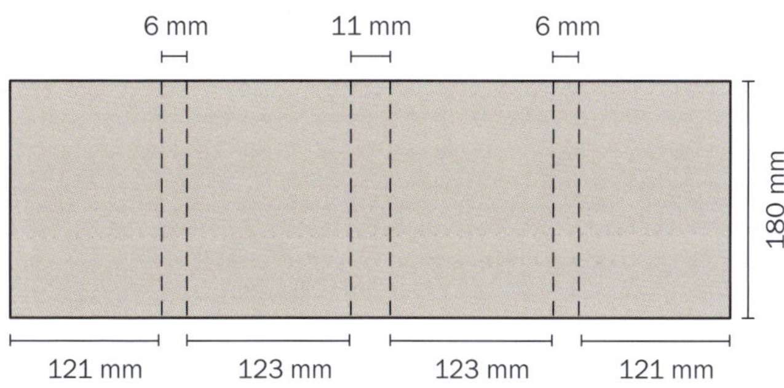

Außenkarte

EINBAND MIT GESCHLITZTEM RÜCKEN

Schöne Stiche, die entlang des Buchrückens verlaufen, können auch durchaus praktischen Nutzen haben. Da hier weder Klebstoff noch Kleister verwendet wird, achtet man besonders auf das Material, das man einbinden will. Später kann man es auch neu binden oder den Umschlag wechseln. Diese Technik stammt ursprünglich von den historischen Archivbindungen, die teilweise wertvolles Material aufbewahren sollten. Für den Umschlag verwendet man in der Regel Leder, Pergament oder Karton.

MATERIAL

Karton für den Umschlag, ca. 300–350 g/m²
Papier für den Buchblock, nicht zu dünn, damit es hochwertiger wirkt, ca. 100–120 g/m²
Faden zum Heften, zum Beispiel Klöppelgarn, das in vielen Farben erhältlich ist, oder kräftiger Leinenzwirn. Nehmen Sie am besten einen nicht zu dicken Faden, damit es hübscher aussieht.

WERKZEUG

Schneidematte
Stahllineal
Skalpell oder scharfes Cuttermesser
Stumpfe Nähnadel
Dünne Ahle, alternativ eine Nadel
Falzbein
Bienenwachs
Bleistift
Vorstechschablone
Locheisen, 1 mm
Hammer
Stanzunterlage

Ich wollte ein Buch ohne Einschläge und mit abgerundeten Ecken. Wenn Sie mit Einschlägen arbeiten wollen, dann rechnen Sie diese hinzu. Mein Buch misst 10,5 x 13,5 cm.

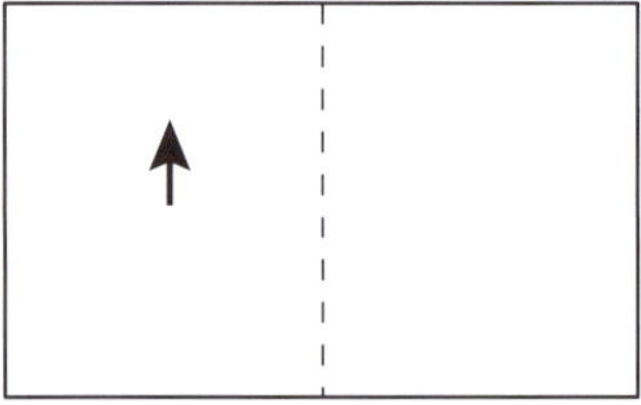

1. Legen Sie die Größe und die Anzahl der Seiten für Ihr Buch fest. Schneiden Sie die Bogen in die gewünschte Größe, sie müssen doppelt so breit sein wie Ihr Seitenformat. Falten Sie alle Bogen in der Mitte und achten Sie darauf, dass der Falz längs zur Laufrichtung liegt. Bedenken Sie, dass viele dünne Lagen mehr Stiche auf dem Rücken erfordern als wenige dicke Lagen.

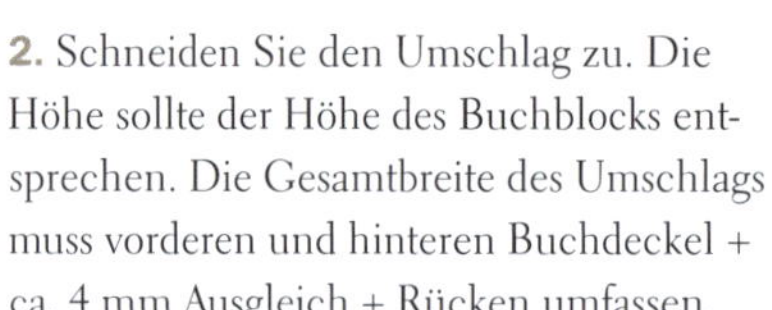

2. Schneiden Sie den Umschlag zu. Die Höhe sollte der Höhe des Buchblocks entsprechen. Die Gesamtbreite des Umschlags muss vorderen und hinteren Buchdeckel + ca. 4 mm Ausgleich + Rücken umfassen.

Legen Sie eine Lage an das Ende des Umschlags, geben Sie die zusätzlichen 2 mm dazu, die den Ausgleich ausmachen, und falzen Sie entlang dieser Linie (erster Rückenfalz). Das Maß für den Rücken ermitteln Sie anschließend, indem Sie sämtliche Lagen zusammenlegen und dann die Höhe des Stoßes abmessen. Drücken Sie den Stoß ein wenig zusammen, wenn Sie messen. Arbeiten Sie den zweiten Rückenfalz.

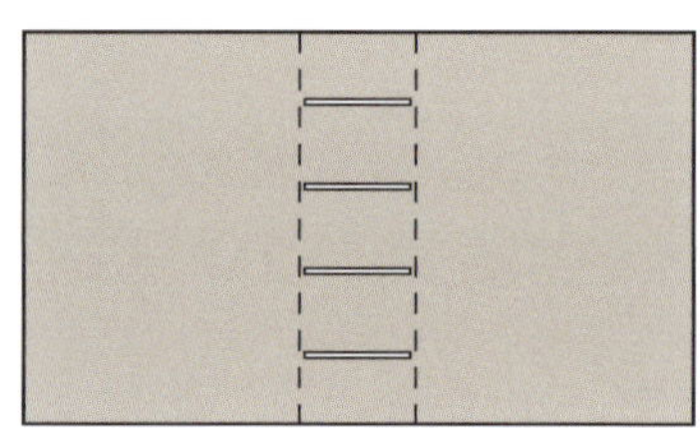

3. Machen Sie eine gerade Anzahl von Einschnitten waagerecht in den Rücken. Wie viele es sein sollen, hängt von der Größe des Buches ab. Zu diesem Buch hier finde ich vier Einschnitte passend. Diese sollten so breit sein, dass der Faden frei darin laufen kann.

Ein Tipp für das exakte Einschneiden: Machen Sie am Anfang- und Endpunkt des geplanten Einschnitts ein Loch mit der Ahle. Das Messer »spürt« dann, wo es anfangen und aufhören soll, was mit bloßem Auge manchmal schwer zu sehen ist. Man kann diese Löcher auch mit einem 1-mm-Locheisen setzen. Damit erhält man sehr gleichmäßige Löcher, die jedoch auch eine Spur breiter sein können als gewünscht. Machen Sie die Einschnitte in etwas Abstand zu den Rückenfalzen. Der Abstand sollte so groß sein, dass eine halbe Lage darin Platz hat.

4. Stechen Sie Löcher in alle Lagen, die mittig auf dem Falz und an den eingeschnittenen Stellen auf dem Rücken passend sitzen müssen. Fertigen Sie sich dazu eine Vorstechschablone an, damit alle Löcher an der richtigen Stelle sitzen. Verwenden Sie eine Ahle oder eine lange spitze Nadel und stechen Sie keine zu großen Löcher. Stechen Sie von innen nach außen.

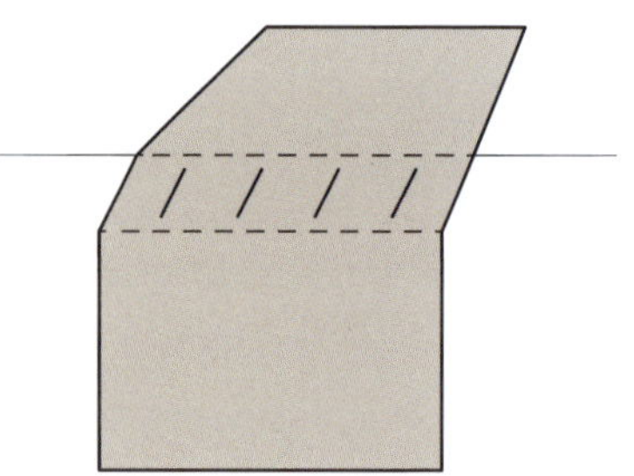

5. Jetzt wird der Buchblock in den Umschlag eingeheftet. Stellen Sie den Umschlag senkrecht vor sich auf. Ich stelle immer den Rücken und einen Deckel vor die Tischkante. Dann kommt man leichter daran und kann sowohl innen an der Lage als auch außen am Rücken arbeiten.

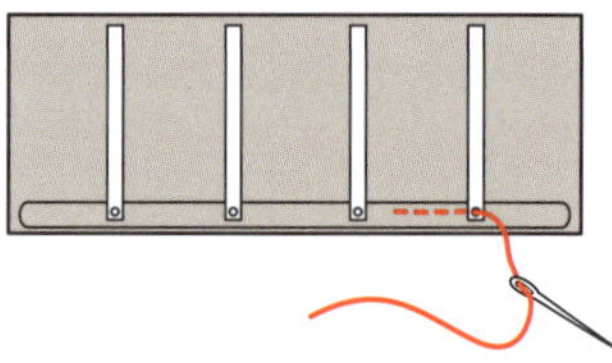

6. Legen Sie die erste Lage innen an den Umschlag an den Anfang der Einschnitte. Ziehen Sie nun den Faden von innen aus der Lage und durch den Umschlag, zum Beispiel von ganz rechts.

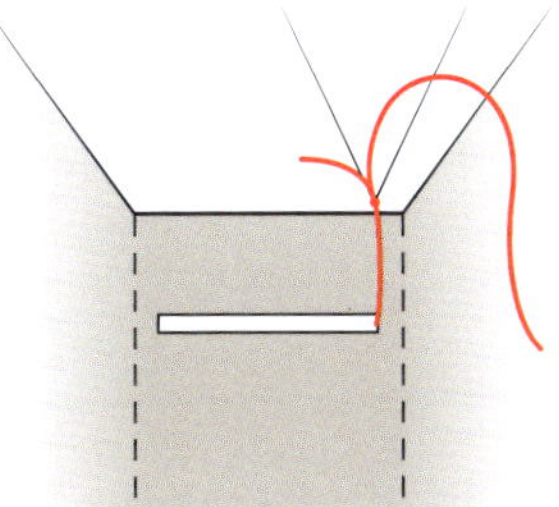

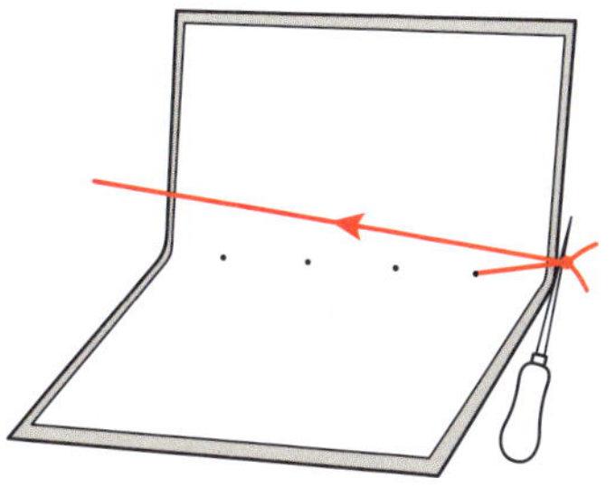

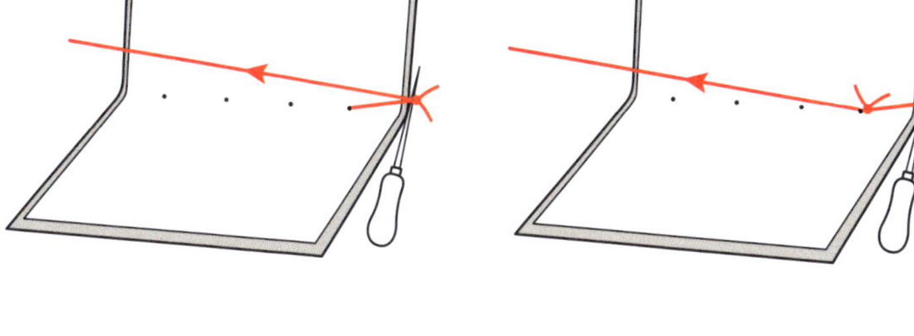

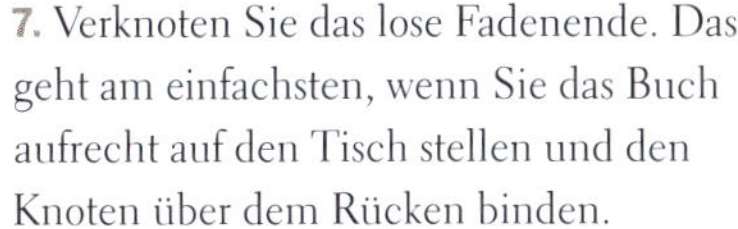

7. Verknoten Sie das lose Fadenende. Das geht am einfachsten, wenn Sie das Buch aufrecht auf den Tisch stellen und den Knoten über dem Rücken binden.

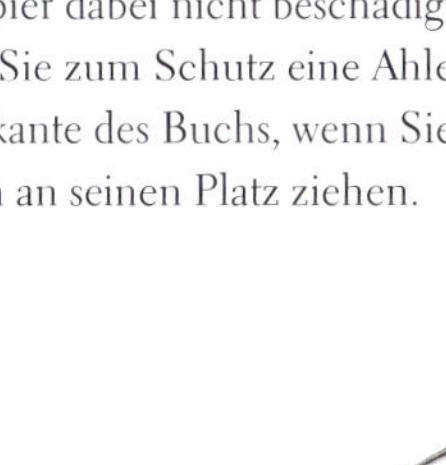

8. Legen Sie den Knoten innen in die Lage auf eine Höhe mit dem Einschnitt. Damit das Papier dabei nicht beschädigt wird, halten Sie zum Schutz eine Ahle an die Außenkante des Buchs, wenn Sie den Knoten an seinen Platz ziehen.

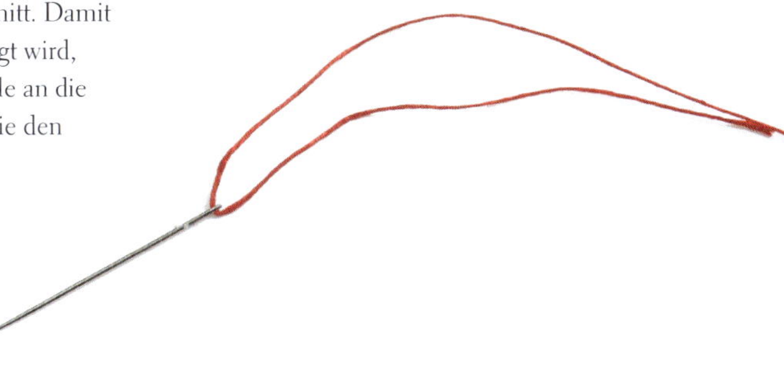

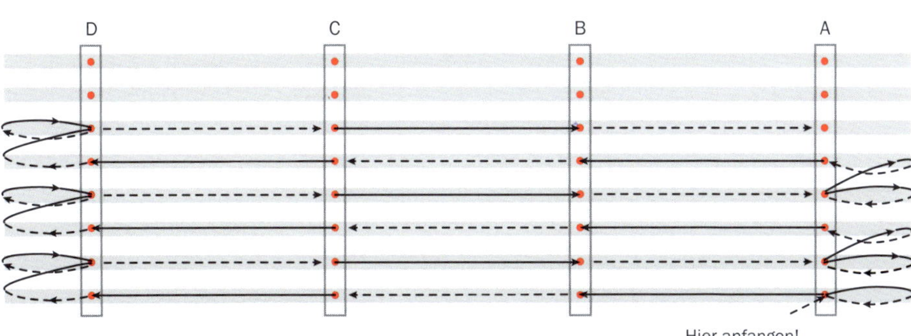

9. Heften Sie weiter, gehen Sie direkt durch die Lage und den Umschlag in Einschnitt A (dabei nicht mit der Nadel durch den Knoten stechen!). Wenn Sie draußen auf dem Rücken sind, gehen Sie weiter hinein in Einschnitt B (durch Umschlag und Lage), dann wieder hinaus in Einschnitt C und schließlich hinein in Einschnitt D. Nun lassen Sie den Faden aus dem Buch auslaufen. Schließen Sie die erste Lage, die nun fest angeheftet ist, und legen Sie die zweite Lage darauf.

Heften Sie weiter, indem Sie den Umschlag umrunden, in Einschnitt D hinein und durch die zweite Lage. Dann zurück aus dem Buch hinaus, um die Kante herum und zurück in Einschnitt D, sodass sich ein Stich an der Außenkante bildet.

Auf diese Art und Weise alle weiteren Lagen verarbeiten.

Die Zeichnung rechts zeigt die Innenseite der ersten und zweiten Lage. Die Nähte von ungeraden und geraden Lagen unterscheiden sich durch das ganze Buch. Als Richtschnur gilt aber, dass bei den Innenseiten aller Lagen Stiche an beiden äußeren Kanten zu sehen sind. Sind alle Lagen geheftet, den Faden auf der Innenseite der letzten Lage um ein vorhandenes Fadenstück vernähen.

WEICHER LEDEREINBAND

Ein Buch, das lange hält, mit einem Umschlag, der mit den Jahren noch schöner wird. Er stammt vielleicht aus einem Stück vom alten Ledermantel des Großvaters oder der Verschluss kommt von einer Ledertasche, die vergessen auf dem Dachboden lag.

MATERIAL

- Leder für den Umschlag, das nicht zu dünn und schlabbrig ist
- Weißes oder farbiges Papier für den Buchblock, nicht zu dünn, damit es hochwertiger wirkt, ca. 100–120 g/m²
- Faden zum Heften, zum Beispiel kräftiger Leinenzwirn oder Klöppelgarn, das in vielen Farben erhältlich ist

WERKZEUG

- Schneidematte
- Stahllineal
- Skalpell oder scharfes Cuttermesser
- Nähnadel ohne Spitze
- Dünne Ahle, alternativ eine Nadel
- Falzbein
- Vorstechschablone
- Locheisen, 1 mm
- Hammer
- Stanzunterlage

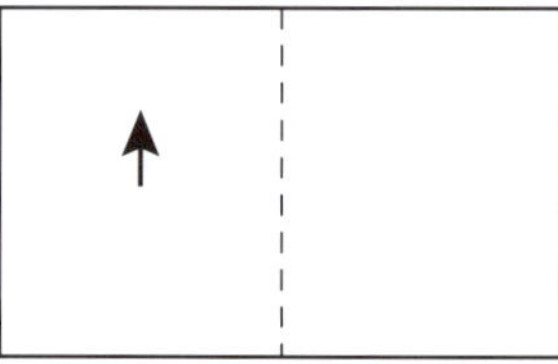

1. Legen Sie die Größe und die Anzahl der Seiten für Ihr Buch fest. Schneiden Sie die Bogen in die gewünschte Größe, falzen Sie alle in der Mitte und legen Sie sie gefalzt zu einer Lage aufeinander. Für jede Lochreihe benötigen Sie zwei Lagen. Ich empfehle Ihnen, acht Lagen für vier Lochreihen zu nehmen.

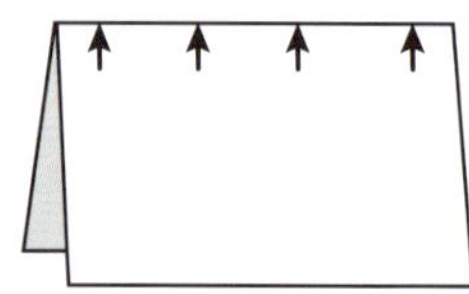

2. In alle Lagen Löcher stechen (siehe Zeichnung). Jede Lage muss vier Löcher haben. Die äußeren Löcher dürfen nicht zu weit am Rand stehen und die beiden mittleren Löcher dürfen nicht zu weit auseinanderstehen. Am besten eine Vorstechschablone verwenden, um alle Löcher exakt an die gleichen Stellen zu setzen. Ein Tipp: Wenn Sie alle Löcher zentrieren, macht es nichts, wenn Sie versehentlich eine Lage falsch herum einlegen.

3. Den Umschlag zuschneiden. Um auf der sicheren Seite zu sein, fertigen Sie sich zuerst eine Papierschablone, die Sie als »Muster« ausprobieren können, bevor Sie das Leder zuschneiden. Der Umschlag sollte so hoch wie die Papierlagen + 2 mm sein. Die Breite sollte etwa drei Seiten entsprechen. Verwenden Sie zum Schneiden ein scharfes Skalpell oder ein Cuttermesser. Bedenken Sie, dass das Messer beim Schneiden etwas am Leder zieht; achten Sie darauf, dass das Leder sich nicht bewegt – dann kann der Rand ungleichmäßig werden. (Ich nehme zum Schneiden von Leder einen Rollschneider.)

4. Bevor Sie Löcher in das Leder stechen, legen Sie zuerst eine der Lagen auf das Leder.

Das Leder sollte dabei 1 mm an der Ober- und Unterkante und 3 mm am seitlichen Rand der Lage überstehen. Markieren Sie sich mit einem Bleistiftstrich auf der Rückseite des Leders eine Linie auf der Höhe des Rückens der Lage. Das ist ein gutes Maß, nach dem man die Lochreihe stechen kann.

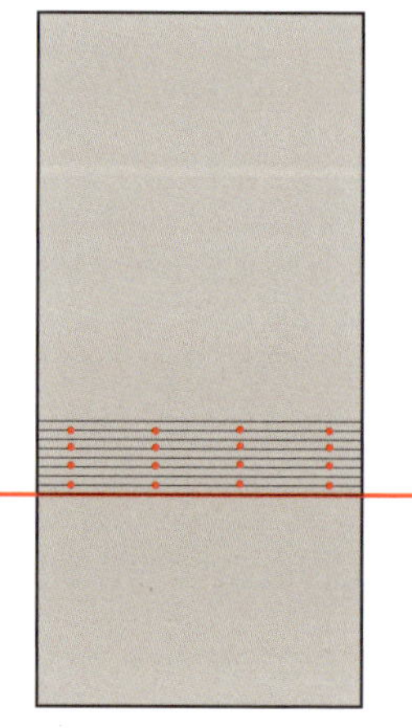

5. Fertigen Sie für die Löcher zuerst eine Papierschablone in derselben Höhe wie eine Lage. Markieren Sie vier Löcher in einer Reihe auf der Höhe der Löcher in der Lage. Stechen Sie insgesamt vier Reihen mit den Löchern. Zwischen jeder Reihe müssen 3–4 mm Abstand sein. (Bei diesem Modell hier ist der Rücken nicht exakt ausgemessen. Es hat durchaus seinen Reiz, wenn der Rücken gut gefüllt erscheint.)

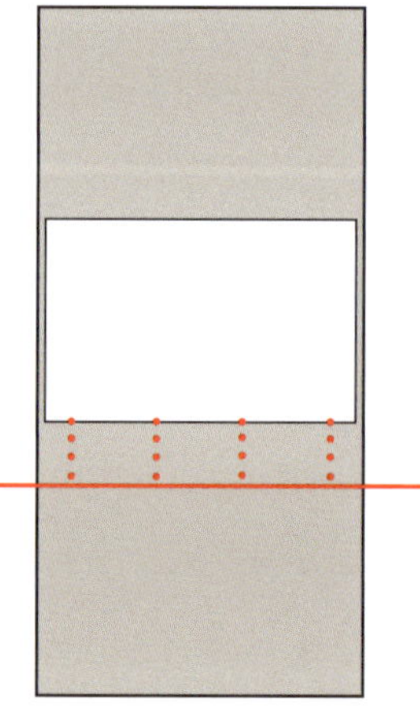

Legen Sie die Schablone auf das Leder und stechen Sie die Löcher mit einem Locheisen. Legen Sie ein Stück Pappe unter, um Ihre Unterlage zu schützen. Platzieren Sie das Locheisen exakt und schlagen Sie nur leicht mit dem Hammer darauf.

6. Beginnen Sie mit dem Heften. Die erste Lage liegt an der hinteren Lochreihe.

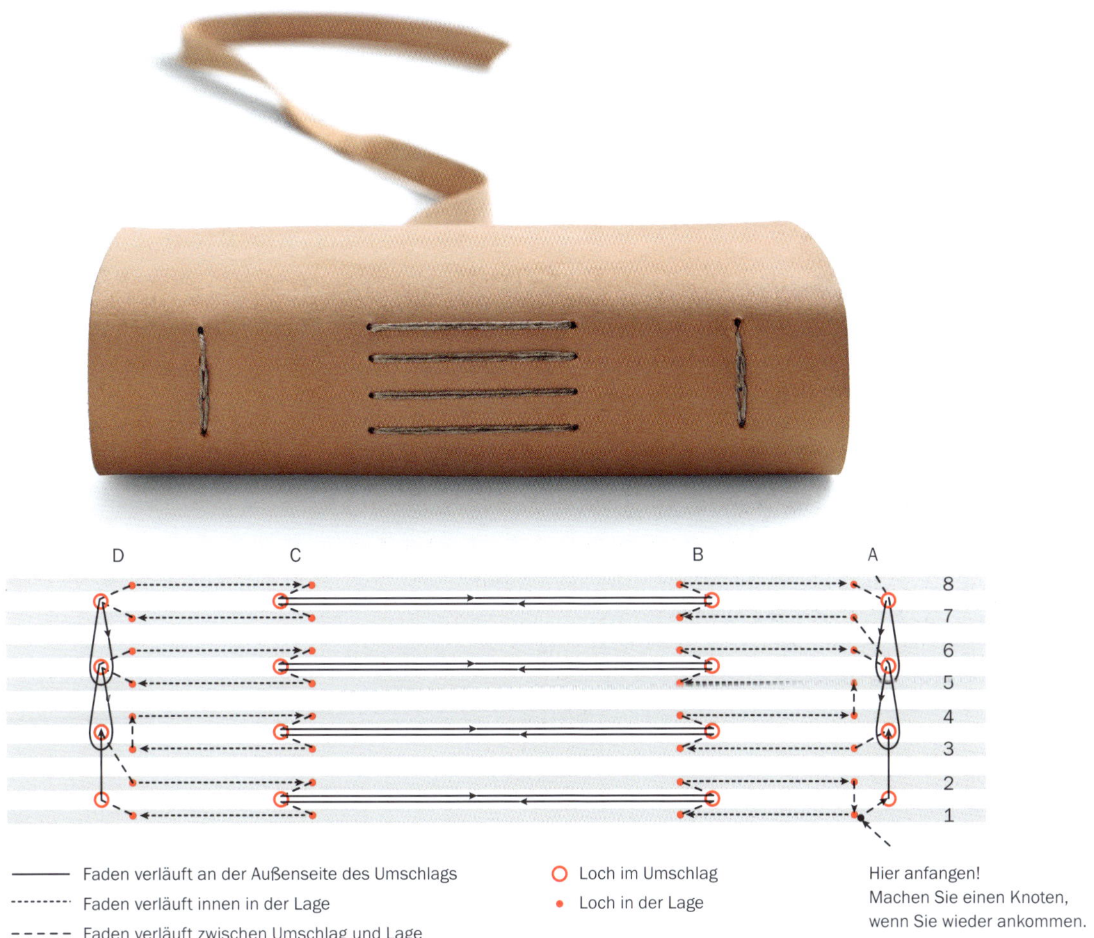

7. Zuerst in Lage 1 in Loch A hineinstechen (aber noch nicht in den Umschlag). Ausstechen in Loch B, durch Lage und Umschlag. In Loch C einstechen, durch Umschlag und Lage. Sie haben jetzt einen Stich, der auf dem Umschlag läuft. In Loch D ausstechen, durch Lage und Umschlag. Gehen Sie weiter in Loch D in der Reihe darüber, durch den Umschlag und dann in Lage 2 hinein. Weiter in Lage 2: ausstechen aus Loch C, durch den Umschlag in dasselbe Loch wie beim vorherigen Stich. Danach in Loch B in Umschlag und Lage einstechen. Sie haben einen doppelten Stich auf dem Umschlag, weil wir zwei Lagen in jede Lochreihe des Umschlags heften. In Loch A in der Lage ausstechen, die Fäden anziehen und den Faden mit dem Ende verknoten. In Loch A im Umschlag ausstechen und in das darüberliegende Loch gehen. Weiter in Loch A in Lage 3. In Loch B durch Lage und Umschlag ausstechen, dann in Loch C durch Umschlag und Lage gehen, in Loch D ausstechen, aber nur durch die Lage. Einstechen in Loch D in Lage 4. In Loch C ausstechen, durch Lage und Umschlag, durch dasselbe Loch wie der vorhergehende Stich, dann hinein in Loch B durch Umschlag und Lage. Weiter aus Loch A, aber nur durch die Lage, und hinein in Loch A von Lage 5. In Loch B durch Lage und Umschlag ausstechen, dann in Loch C ein- und in Loch D wieder ausstechen, durch Lage und Umschlag.

Verschlingen Sie nun den Stich auf dem Umschlag zwischen Lage 3 und 4, bevor Sie wieder in dasselbe Loch D im Umschlag einstechen. Dann in Loch D in Lage 6, aus Loch C ausstechen und aus dem Umschlag in dasselbe Loch wie der vorhergehende Stich und hinein in Loch B durch Umschlag und Lage. In Loch A durch Lage und Umschlag ausstechen. Auch auf dieser Seite den Stich auf dem Umschlag zwischen Lage 3 und 4 verschlingen, dann wieder in dasselbe Loch im Umschlag einstechen.

In Loch A in Lage 7 einstechen und weiter gemäß Zeichnung, bis alle Lagen geheftet sind. An jedem Anfang und Ende die Stiche verschlingen. Am Ende noch einmal zusätzlich verschlingen. Den Faden 1 cm lang abschneiden.

Lederbücher, die von den Trachtenschuhen aus Leksand (Stadt in der mittelschwedischen Provinz Dalarnas län) inspiriert sind. Das untere Buch hat einen Verschluss, wie er auf der gegenüberliegenden Seite beschrieben ist; das obere wird mit einer Schnur aus Wildleder verschlossen.

Verschluss mit einem Lederband

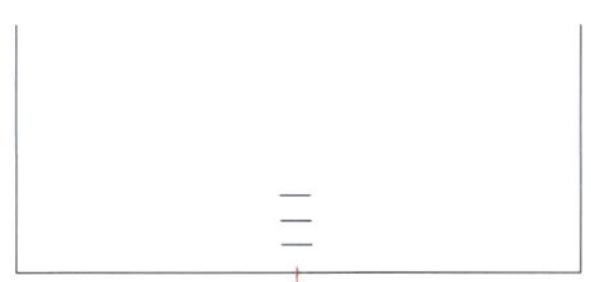

1. Schneiden Sie einen Lederriemen in gewünschter Breite zu. Er sollte so lang sein, dass er mehrmals rund um das Buch gewickelt werden kann und dann noch ein Stück länger ist. Messen Sie die Mitte auf der Rückseite des Umschlags aus.

2. Machen Sie drei parallele Einschnitte in das Leder. Sie dürfen etwas schmaler sein als das Band. Für den Abstand zwischen den Kerben empfehle ich die Breite des Lederbands. Machen Sie auch in ein Ende des Riemens einen Einschnitt (als Knopfloch), ungefähr so lang, wie der Riemen breit ist. Schneiden Sie nicht zu weit am Rand, sonst kann die Kante am Loch ausreißen.

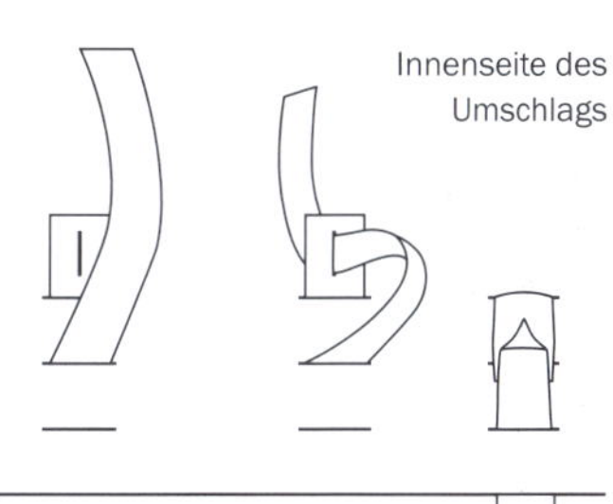

3. Ziehen Sie nun das Ende mit dem »Knopfloch« in den mittleren Umschlageinschnitt und hinauf in den dritten. Die Rückseite des Umschlags und des Riemens zeigen dabei nach oben. Ziehen Sie danach das andere Ende des Riemens durch das »Knopfloch«. Ziehen Sie jetzt den Riemen ganz durch und drehen Sie ihn um 45 Grad. Dann sollten Sie einen leichten »Stich« auf der Vorderseite des Umschlags haben.

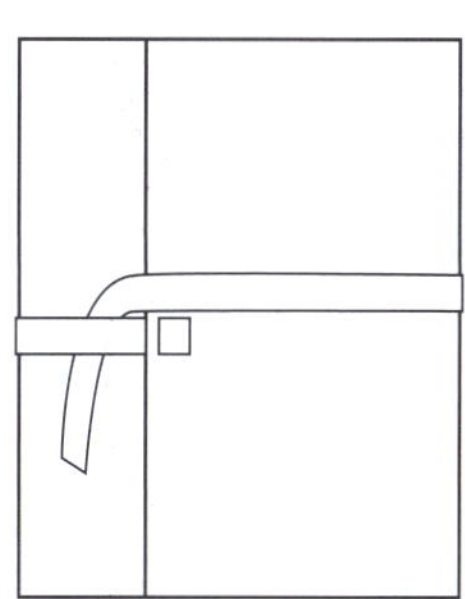

4. Klopfen von der Rückseite auf den Lederknoten, damit er etwas flacher wird. Führen Sie das Riemenende durch den ersten Einschnitt zur Umschlagvorderseite. Nun können Sie den Riemen als Verschluss um das Buch schlingen.

Ich habe meinen Umschlag mit ausgestanzten Herzen und Löchern verziert. Damit das Muster deutlicher hervortritt, habe ich ein Stück Papier dahintergeklebt. Am schönsten ist es natürlich, wenn man das Material – Papier oder vielleicht Wildleder – als zusätzlichen Umschlag unterlegt.

ORIENTALISCHE BINDUNG

(FRANZÖSISCHER KETTENSTICH)

Wer viel aufzuschreiben hat, kann ein etwas dickeres Buch mit vielen Lagen brauchen. Mit einem hübschen Umschlag ist es ein schönes Geschenk. Die Stiche der Bindung auf dem Rücken sind so schmuckvoll, dass man sie gern zeigen möchte. Für dieses Buch gibt es drei verschiedene Umschläge, von denen Sie sich Ihren Favoriten aussuchen können (siehe Seiten 51–52).

MATERIAL

Karton für den Umschlag, ca. 200–350 g/m^2
Weißes oder farbiges Papier für den Buchblock, nicht zu dünn, damit es hochwertiger wirkt, ca. 100–120 g/m^2
Faden zum Heften, zum Beispiel kräftiger Leinenzwirn oder Klöppelgarn, das in vielen Farben erhältlich ist
Klebeband – einfach oder doppelseitig, am besten säurefrei

WERKZEUG

Schneidematte
Stahllineal
Skalpell oder scharfes Cuttermesser
Nähnadel, ohne Spitze und am besten etwas länger
Dünne Ahle, alternativ eine Nadel
Falzbein
Schere
Vorstechschablone

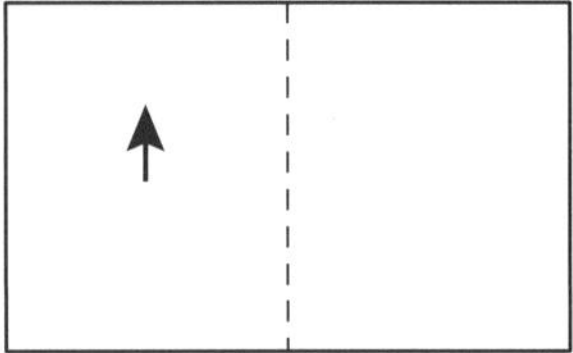

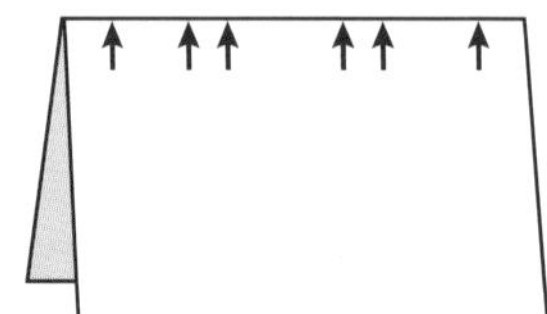

1. Legen Sie die Größe und die Anzahl der Seiten für Ihr Buch fest. Schneiden Sie die Bogen in die gewünschte Größe, falzen Sie alle Bogen in der Mitte und achten Sie darauf, dass der Falz längs zur Laufrichtung liegt. Legen Sie danach alle gefalzten Bogen zu einer Lage aufeinander. Entscheiden Sie, wie viele Lagen Ihr Buch haben soll. Es sollten nicht zu wenige sein, damit die schöne Bindung deutlich zu sehen ist.

2. In alle Lagen Löcher stechen (siehe Zeichnung). Jede Lage muss sechs Löcher erhalten. Verwenden Sie am besten eine Vorstechschablone, um alle Löcher exakt an die gleichen Stellen zu setzen. Die äußeren Löcher dürfen nicht zu weit am Rand stehen, weil sonst die Bindung ausreißt, aber auch nicht zu weit innen, da sonst ein Großteil der Bogen ungebunden bleibt. Die beiden mittleren Lochpaare dürfen ebenfalls nicht zu weit auseinanderstehen – sonst wird die Bindung instabil. Ein Tipp: Wenn Sie alle Löcher zentrieren, macht es nichts, wenn Sie versehentlich eine Lage falsch herum einlegen.

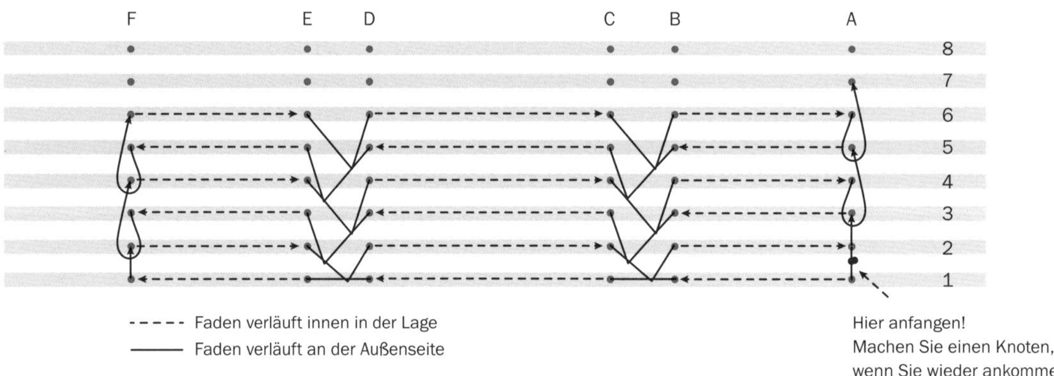

3. Zuerst in Loch A der Lage 1 einstechen, in Loch B ausstechen, in Loch C ein-, in Loch D aus-, in Loch E einstechen, zuletzt in Loch F ausstechen.

In Lage 2 wechseln: darüberliegend in Loch F ein- und aus Loch E ausstechen, eine Schlinge um den vorherigen sichtbaren Stich arbeiten, dann in Loch D einstechen. Aus Loch C ausstechen und die Schlinge auch hier wiederholen, dann in Loch B einstechen. Aus Loch A ausstechen, die Fäden in beiden Lagen anziehen, dann miteinander verknoten.

Weiter in Lage 3: darüberliegend in Loch A ein- und aus Loch B ausstechen, eine Schlinge um den vorherigen sichtbaren Stich legen, dann in Loch C einstechen. Die Schlinge nur um den letzten Stich legen, nicht um beide. Aus Loch D ausstechen und die Schlinge auch hier wiederholen, dann in Loch E ein- und in Loch F ausstechen.

Weiter in Lage 4: eine Schlinge um den Stich legen, der die Lagen 1 und 2 zusammenbindet, dann darüberliegend in Loch F ein- und aus Loch E wieder ausstechen. Die Schlinge jetzt auf der entgegengesetzten Seite der anderen beiden arbeiten. Die Bindung bildet nun ein Zickzackmuster. In Loch D ein- und aus Loch C ausstechen, die Schlinge wiederholen, dann in Loch B ein- und aus Loch A wieder ausstechen.

Weiter in Lage 5: eine Schlinge um den Stich legen, der die Lagen 3 und 4 zusammenbindet, dann darüberliegend in Loch A ein- und aus Loch B ausstechen, eine Schlinge auf der entgegengesetzten Seite wie beim letzten Mal arbeiten. Alle Schritte wiederholen, bis alle Lagen auf diese Weise gebunden sind.

Um den Faden zu sichern, eine Schlinge um den vorhergehenden Endstich legen, dann zurück in die Lage gehen und einen Knoten um den letzten Stich binden.

Orientalische Bindung mit zwei verschiedenen Umschlägen, einer mit verdecktem und einer mit offenem Rücken. Der Umschlag ist aus handgeschöpftem Papier gefertigt.

Variante 1: Umschlag mit offenem Rücken

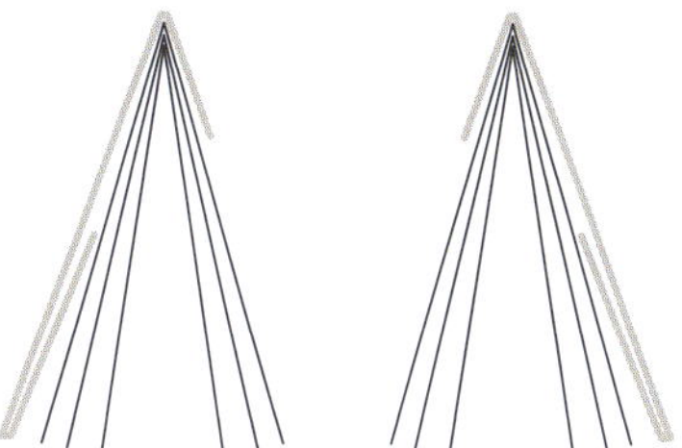

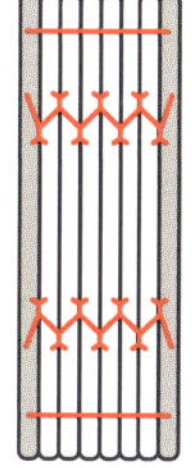

1. Schneiden Sie für den Umschlag einen Vorderdeckel und einen Rückdeckel in der Höhe des Buchblocks zu. Die Breite soll für den gesamten Umschlag, nach Wunsch auch für Einschläge sowie für einen Falz von ca. 20 mm reichen.

2. Arbeiten Sie ca. 20 mm vom Rand einen Falz und falten Sie den Umschlag um die erste bzw. die letzte Lage. Wenn Sie mit Einschlägen arbeiten, diese ebenfalls falzen (dann auch 2 mm Überstand zugeben) und einschlagen.

3. Stechen Sie Löcher in den Umschlag. Die Umschlagdeckel werden dann mit dem Buchblock geheftet. Dadurch ergibt sich ein offener Rücken mit sichtbarer Bindung.

Variante 2: Umschlag mit verdecktem Rücken

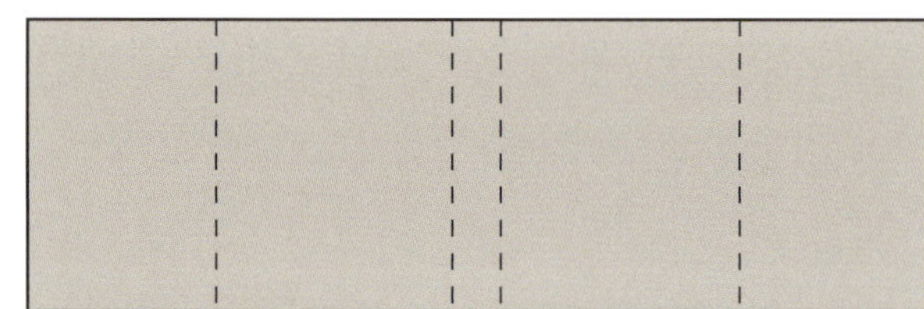

1. Schneiden Sie einen Umschlag aus Karton, dessen Höhe ein paar Millimeter höher ist als der Buchblock und der mindestens die vierfache Breite des Buches hat. Arbeiten Sie mit Einschlägen, um das Buch stabiler zu machen.

2. Markieren Sie die Mitte auf dem Umschlag. Legen Sie dann den Buchrücken an den Karton: Mitte des Rückens gegen die Markierung der Mitte. Markieren Sie die Rückenbreite auf dem Karton und falzen Sie dann an diesen beiden Markierungen. Beachten, dass der Rücken nicht zu breit wird; er sollte keinen Spielraum haben, sondern ganz vom Buchblock ausgefüllt sein.

3. Den Buchblock in den Umschlag legen, darauf achten, dass der Buchrücken passend im Umschlagrücken liegt. Markieren, wo der Einschlag des Vorderdeckels gefalzt werden soll (inklusive Überstand), dann falzen. Ein Überstand von 2–3 mm sollte ausreichend sein. Auch den Einschlag des Rückdeckels falzen – die Rückseite des Umschlags muss genauso breit sein wie der vordere Deckel.

4. Wenn Sie wollen, können Sie die Einschläge an der ersten bzw. letzten Seite des Buchblocks mit doppelseitigem Klebeband fixieren.

Variante 3: Umschlag mit Band

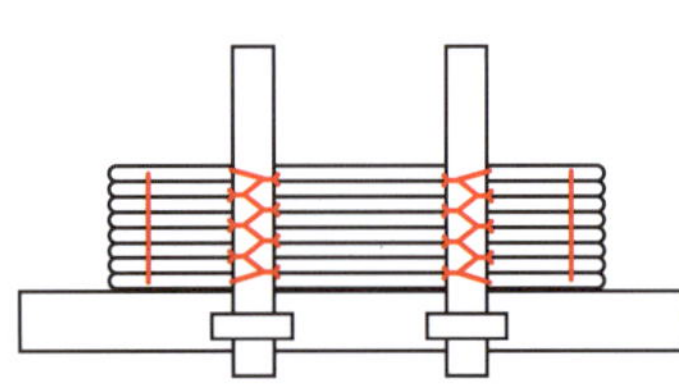

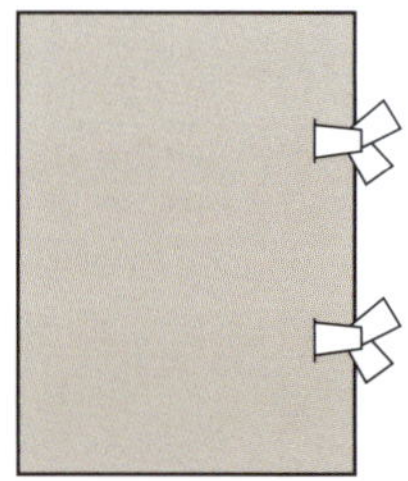

1. Wie beschrieben heften, aber ein Band zwischen die Lochpaare legen. Passen Sie den Abstand der Löcher Ihrer Bandbreite an. Ich verwende 10 mm breite Baumwoll- oder Leinenbänder – wenn die Bänder zu breit sind, lassen sie sich nur schwer verknoten.

Um die Bänder leichter handhaben zu können, befestigen Sie diese mit Klebestreifen an der Tischkante. Wenn Sie heften, legen Sie die Lage jeweils auf die Tischkante an die Bänder.

2. Wie oben beschrieben einen Umschlag fertigen, aber mit Einschnitten für die Bänder. Diese sollen ca. 10 mm von den Außenkanten des Umschlags entfernt sitzen. Darauf achten, nur den Umschlagkarton von Vorder- und Rückseite einzuschneiden und nicht die Einschläge. Besonders schön sieht es aus, wenn die Einschnitte eine Spur schmaler sind als das Band. Das Band bis zur Außenseite des Umschlags durchziehen und das Buch mit einem Knoten verschließen.

TIPP

Wenn Sie einen Einschnitt ins Papier machen, markieren Sie Anfang- und Endpunkt des Einschnitts mit der Ahle. Das Messer »spürt« dann, wo es anfangen und aufhören soll, was mit bloßem Auge manchmal schwer zu sehen ist.

Gegenüberliegende Seite:
Modelle von historischen Büchern

FADENHEFTUNGEN

Diese Bücher in Fadenheftung sind von der japanischen Bindung inspiriert, die man normalerweise mit dünnem, handgeschöpftem Papier und farbigen Umschlägen macht. Ich habe sie frei nach eigenen Ideen geheftet. Wer gern stickt, kann hierbei mit verschiedenen Stickmustern experimentieren.

MATERIAL

- Papier für den Buchblock, wenn erhältlich 45 g/m², sonst bis zu 80 g/m²
- Papier für den Umschlag, vorzugsweise dünnes, handgeschöpftes asiatisches Papier
- Millimeterpapier

WERKZEUG

- Schneidematte
- Stahllineal
- Skalpell oder scharfes Cuttermesser
- Ahle
- Falzbein
- Nadel
- Weiches Stickgarn in schönen Farben
- Klammern (Briefklemmer oder Foldback-Klammern)

Fadenbindungen mit transparenten Papieren und einer dazugehörigen Mappe

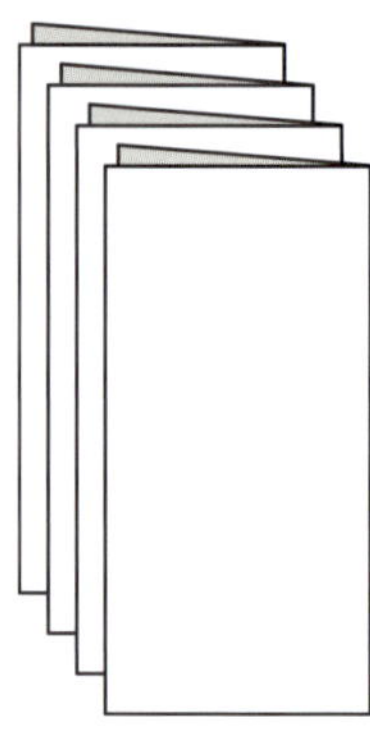

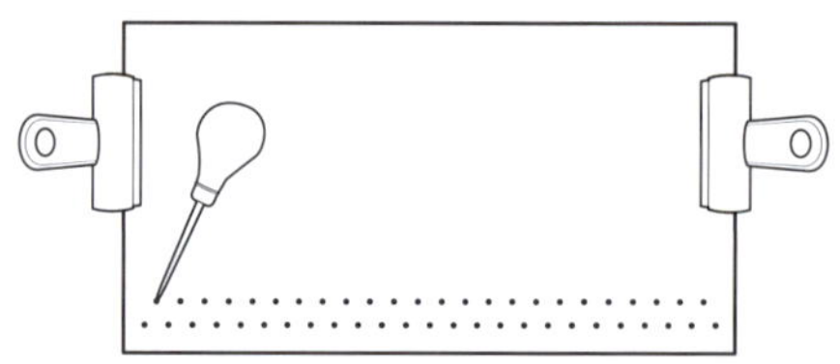

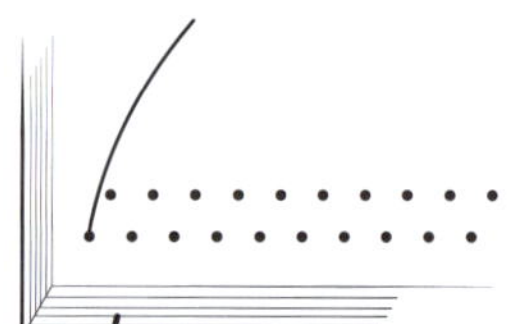

1. Die Buchgröße festlegen, passende Bogen zuschneiden und diese einmal falten. Die Stiche kommen bei einem etwas dickeren Buch besser hervor. Auch den Umschlag zuschneiden: zwei Stücke in der Größe eines gefalteten Bogens für den Buchblock.

2. Die Löcher gemäß Abbildung stechen. Das Aussehen der Stiche können Sie durch größere oder kleinere Abstände zwischen den Löchern beeinflussen. Um ständiges Messen dabei zu vermeiden, können Sie Millimeterpapier verwenden. Es wird in Buchgröße zugeschnitten und man markiert darauf jede Lochstelle. Denken Sie daran, die Linien im Verhältnis zum Buch zu zentrieren. Beginnen Sie mit dem Umschlag. Die Löcher sehen besser aus, wenn der Umschlag getrennt vom Buchblock gelocht wird.

Nun die Bogen für den Buchblock Stoß auf Stoß legen. Die Falzkante liegt im vorderen Beschnitt und die offenen Seiten kommen in den Rücken. Die bereits gelochten Umschläge zur Seite legen. Das markierte Millimeterpapier auf die Buchblock-Bogen legen. Fixieren Sie es mit Klammern, während Sie die Löcher stechen. Ist der Blockblock gelocht, legen Sie die Umschläge darauf, kontrollieren, ob alles genau passend sitzt, und befestigen wieder die Klammern.

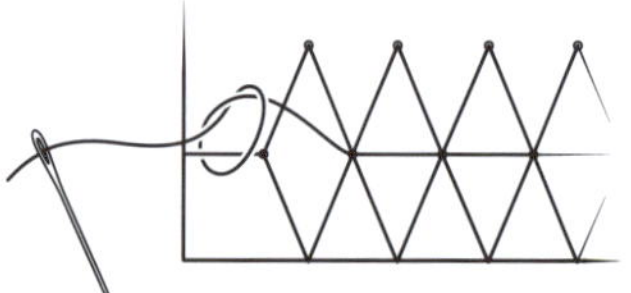

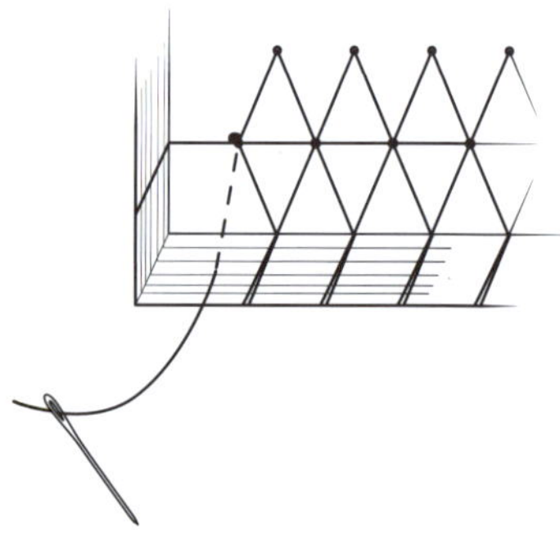

3. Einen farbigen Stickfaden einfädeln und das Fadenende verknoten. Stechen Sie mit der Nadel ganz links von innen in das Buch und ungefähr mittig in den Buchblock. Ziehen Sie den Faden vorsichtig an, sodass der Knoten innen im Buch liegt. Das Ende abschneiden, damit es nicht sichtbar ist.

4. Heften Sie entsprechend der Abbildung auf der gegenüberliegenden Seite nach den Schritten A–F.

5. Wenn Sie zum Ende kommen, binden Sie – bevor Sie den letzten Stich arbeiten – einen Knoten um einen der Stiche, die aus dem Loch kommen, in das Sie noch einstechen.

6. Stechen Sie in das Loch ein und führen die Nadel leicht schräg, bis Sie ungefähr in die Mitte des Buchblocks gelangen. Ziehen Sie dann sachte den Knoten in den Buchblock hinein. Das Fadenende bündig abschneiden.

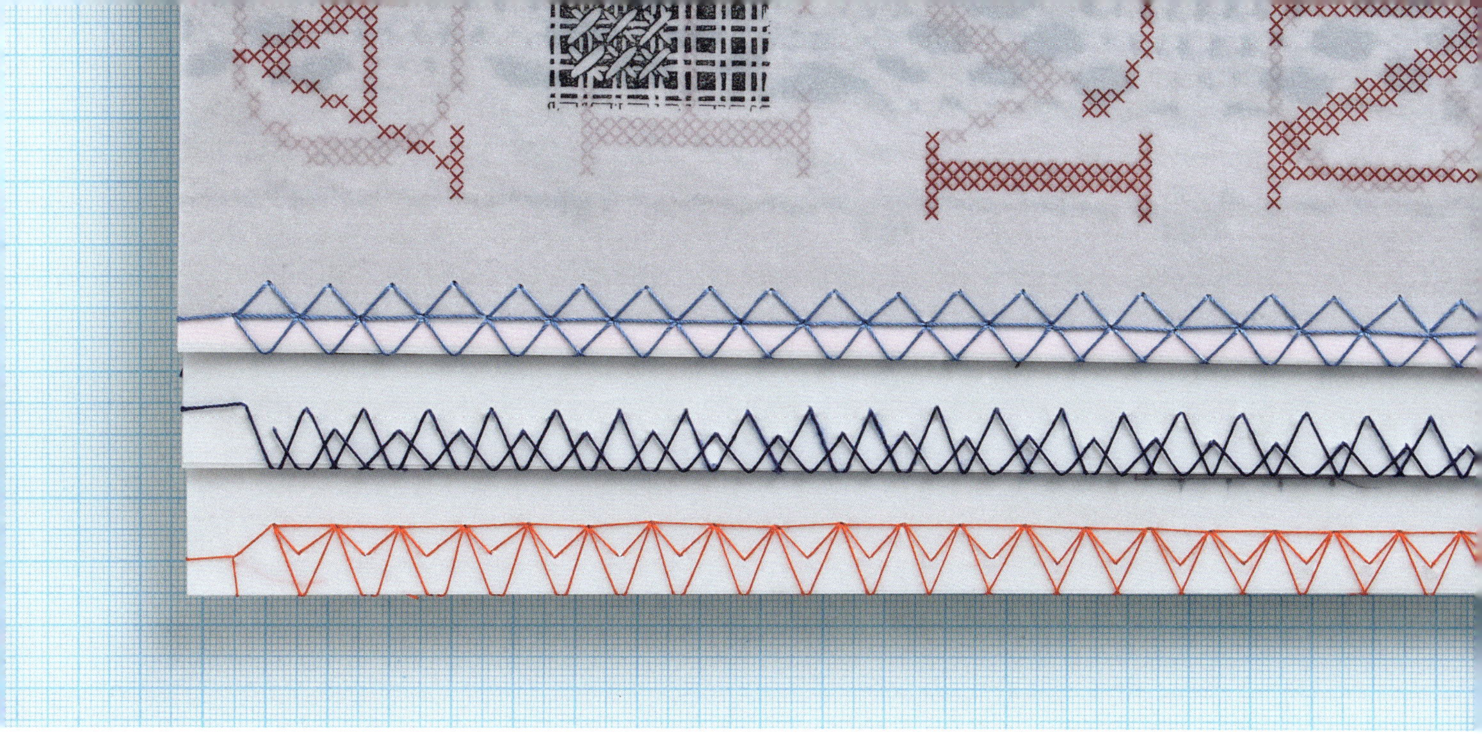

Abbildung zu Schritt 4

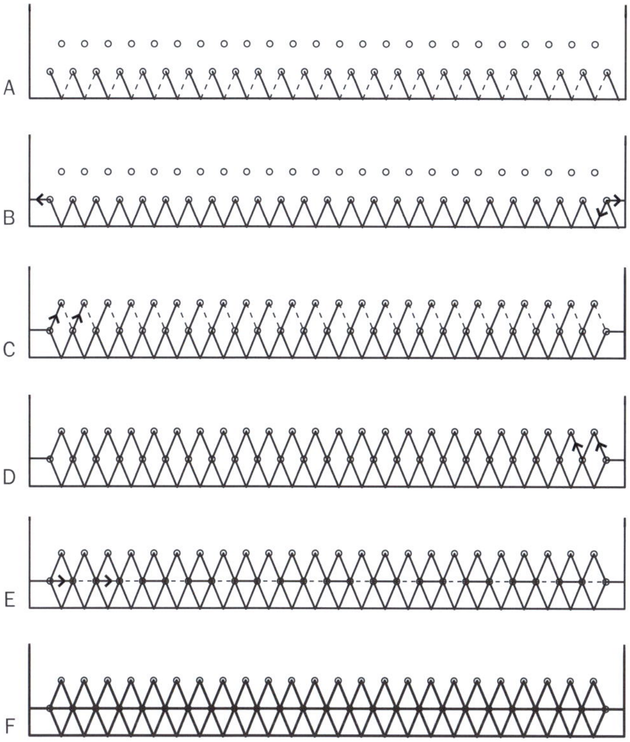

A

B

C

D

E

F

Weitere Stichvarianten

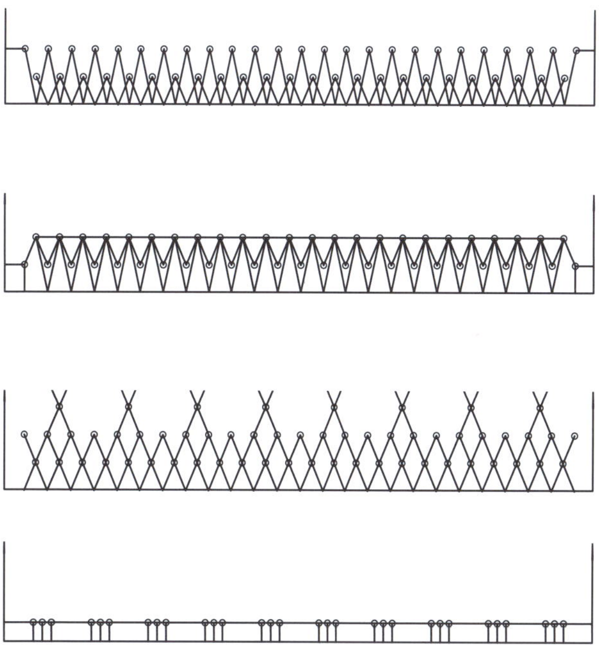

ALBUM MIT FENSTERN

Dieses Album hat einen flexiblen Rücken und kann mit oder ohne Fenster gearbeitet werden. Weil der Rücken erweiterbar ist, lassen sich auch Objekte, die Platz benötigen, anbringen. Die Seiten sind doppelt gefaltet, so lässt sich zum Beispiel die Rückseite von Stickereien durch ein Blatt verbergen. Ich habe Stickmuster im Album gesammelt.

MATERIAL

Fester Karton oder Pappe für die Buchdeckel
Papier für die Albumblätter: ca. 200–350 g/m^2, je nachdem, was in das Album montiert werden soll
Papier für den Rücken: festes, geschmeidiges Papier, ca. 120 g/m^2, am besten in Kontrastfarbe
Starkes doppelseitiges Klebeband, säurefrei

WERKZEUG

Schneidematte
Stahllineal
Skalpell oder scharfes Cuttermesser
Falzbein
Bleistift, vorzugsweise Druckbleistift
ein Blatt Kopierpapier

Legen Sie zuerst die Größe des Albums und die Anzahl der Seiten fest. Mein Stickerei-Album besteht aus sechs Stickereien, von denen jede in ein Doppelblatt mit Fenster auf einer Seite befestigt wurde.

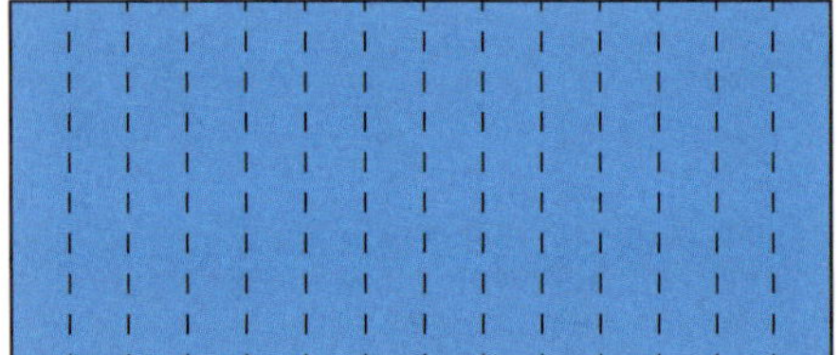

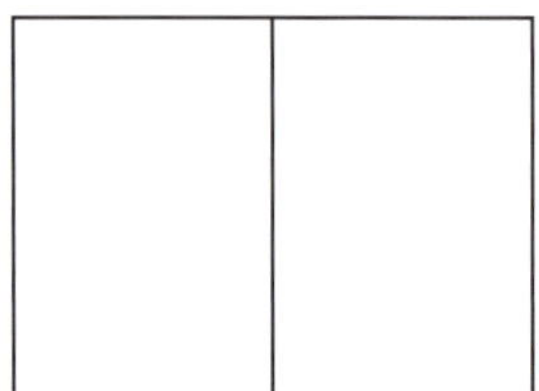

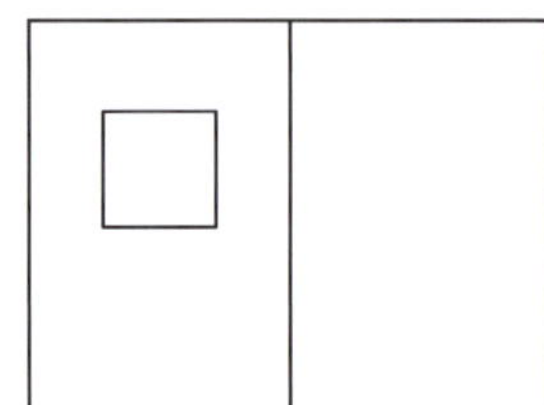

1. Schneiden Sie das Rückenteil in der Höhe des Albums zu. Falten Sie daraus eine Ziehharmonika mit beispielsweise 20 mm zwischen jedem Falz. Exakt arbeiten, damit die Felder zwischen den Falzen gleich groß werden. Zu jedem gefalteten Blatt ergeben sich zwei Felder. Am Anfang und am Ende jeweils ein Feld mit mindestens 20 mm einrechnen, an denen später die Buchdeckel befestigt werden.

Mein Rückenteil hat eine Breite von 28 cm, aus der sich 14 Felder von je 2 cm ergeben.

2. Die Breite der Albumblätter bestimmen und zuschneiden (doppelt so breit wie die zukünftige Seitengröße). Die Blätter mittig falten.

3. Für Blätter mit einem Fenster empfiehlt es sich, eine Schablone aus Kopierpapier anzufertigen. Schneiden Sie sie so groß wie ein gefaltetes Albumblatt. Messen Sie die Fenstergröße aus und schneiden Sie das Fenster in die Schablone. Beachten Sie, dass die Fensteröffnung etwas kleiner sein muss als der Inhalt, damit noch ein Rand zur Montage bleibt. Übertragen Sie das Maß, indem Sie die Schablone auf das Albumblatt legen und die Eckpunkte des Fensters mit einer Ahle markieren. Denken Sie daran, das Blatt vorher wieder aufzufalten, ansonsten erhalten Sie die Markierung auf beiden Blattseiten.

Nun befestigen Sie den Inhalt. Ich habe meine Stickereien rundherum mit säurefreiem Klebeband versehen und sie dann hinter die Fenster geklebt.

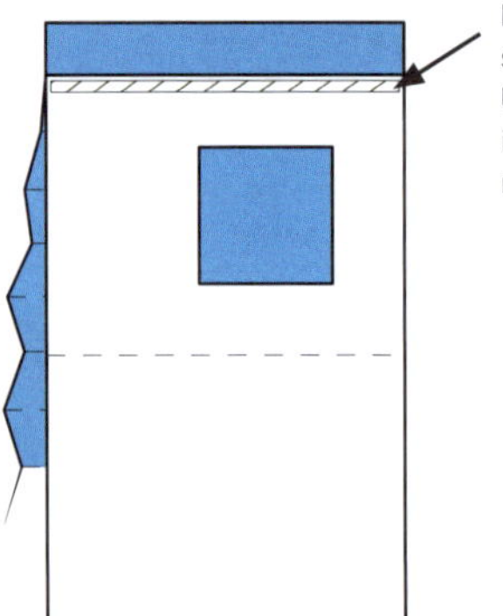

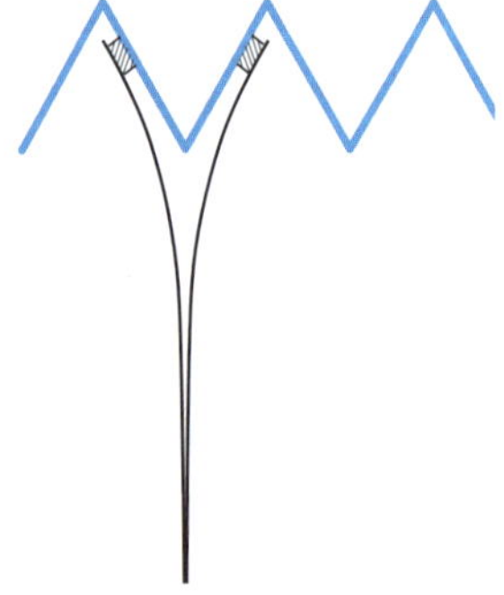

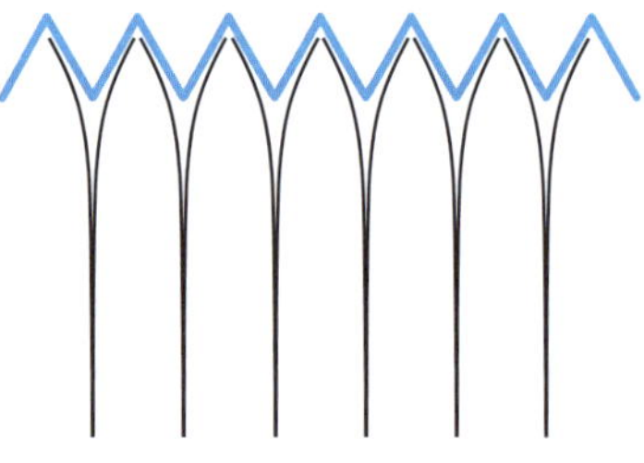

4. Verkleben Sie die fertig montierten Doppelblätter am Rücken. Befestigen Sie einen Streifen Doppelklebeband an der Außenkante der vorderen Innenseite des Blattes. Setzen Sie es mit 1 mm Abstand von der Kante, sodass es von der Vorderseite aus nicht zu sehen ist. Montieren Sie das Blatt etwa 1 mm vom ersten Falz im Rücken, damit das geschlossene Album später nicht sperrt.

5. Befestigen Sie einen Streifen Doppelklebeband an der Außenkante der hinteren Innenseite des Blattes, ebenfalls mit 1 mm Abstand von der Kante. Biegen Sie den Rückenfalz inwendig in das Blatt. Wenn Sie das Blatt schließen, fällt es an die richtige Stelle ein paar Millimeter entfernt vom zweiten Rückenfalz.

6. Verfahren Sie mit der Montage der übrigen Blätter im Rücken auf die gleiche Weise. Orientieren Sie sich an den Hilfslinien auf der Schneidematte, damit alles gerade ausgerichtet ist (siehe Seite 13).

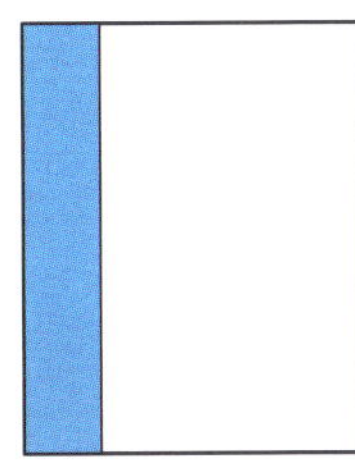

7. Der Buchblock sitzt nun an der richtigen Stelle. Die äußeren Felder des Rückens mit einer Breite von 20 mm zuschneiden. Daran werden der vordere und der hintere Buchdeckel angebracht.

Die Buchdeckel zuschneiden: genauso hoch wie das Album. Was die Breite angeht, darf etwas vom (kontrastfarbenen) Rücken zu sehen sein. Zum Schutz des Albums die Buchdeckel an der Vorderkante des Buchblocks ca. 2 mm überstehen lassen.

Das Klebeband sitzt an der Unterseite und ist eigentlich nicht zu sehen.

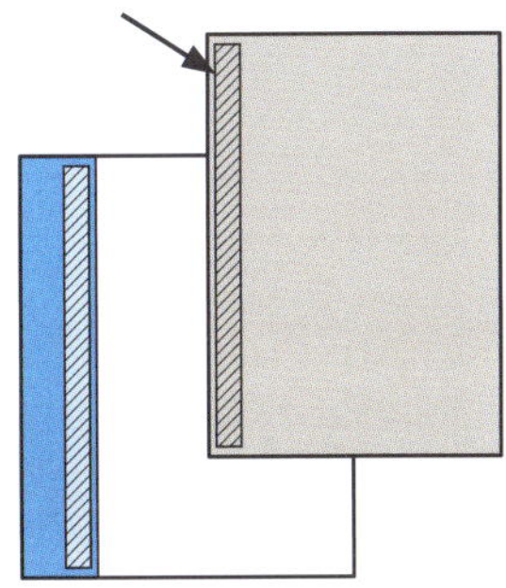

8. Auf den Buchdeckel einen Streifen Doppelklebeband kleben – 1 mm von der Kante entfernt, die am Rücken befestigt werden soll. Das entsprechende Stück Klebeband am Rückenteil an die Außenkante des äußeren Feldes setzen. Vor dem Abziehen der Schutzschichten des Klebebands den Buchdeckel probehalber zurechtlegen.

LOSE BUCHUMSCHLÄGE

Manchmal kann ein schützender Umschlag für die eigenen Bücher sinnvoll sein. Für lieb gewordene Romane, die man in der Tasche mit sich herumträgt, oder für die Schulbücher der Kinder, die sonst schnell abgenutzt sind.

MATERIAL

Festes Papier, das leicht zu falten ist

WERKZEUG

Schneidematte
Stahllineal
Skalpell oder scharfes Cuttermesser
Falzbein
Bleistift

Umschläge aus verschiedenen maschinell bedruckten Papieren (Offsetdruck)

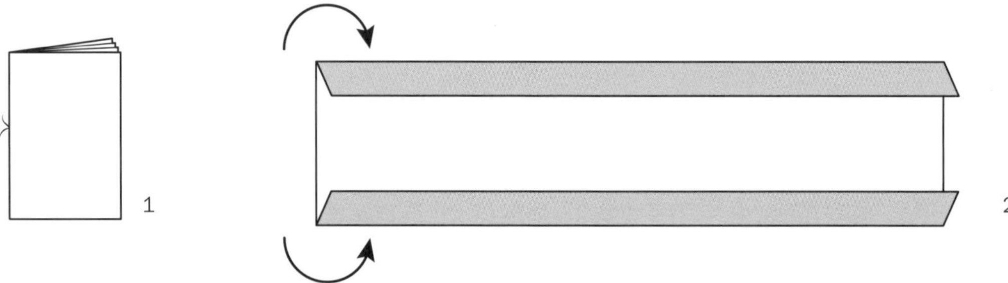

1. Suchen Sie sich zuerst das Buch aus, das einen neuen Umschlag erhalten soll. Es kann ein dicker Roman sein oder auch nur ein kleines, dünnes Heft.

2. Wählen Sie ein geeignetes Umschlagpapier aus und legen Sie es mit der Rückseite nach oben. Falten Sie es an der Ober- und Unterkante – das Buch soll in der Höhe genau zwischen den eingefalteten Klappen sitzen.

3. Wenden Sie das Papier und ziehen Sie die Rückseite des hinteren Buchdeckels in das gefaltete Papier (Papier und Buch liegen jetzt mit der Vorderseite nach oben). Falten Sie ein paar Millimeter von der Vorderkante des Buchdeckels entfernt. Orientieren Sie sich an den Hilfslinien der Schneidematte, indem Sie die Arbeit waagerecht an eine Hilfslinie anlegen. Legen Sie dann das Lineal zwischen das Buch und das Papier und lassen Sie es 2 mm überstehen. So sieht man leicht, wo der Falz sitzen wird, und kann ihn anschließend mit dem Falzbein markieren.

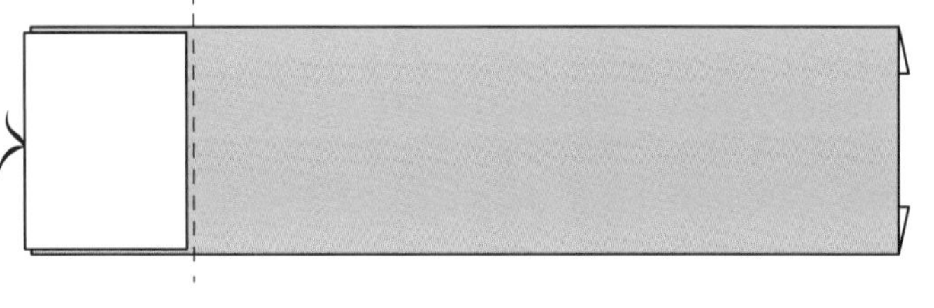

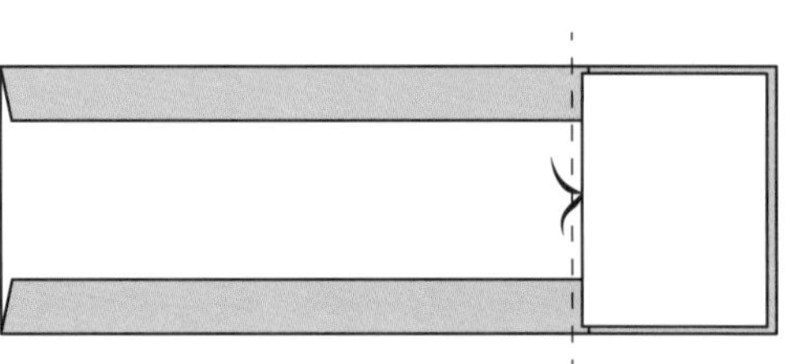

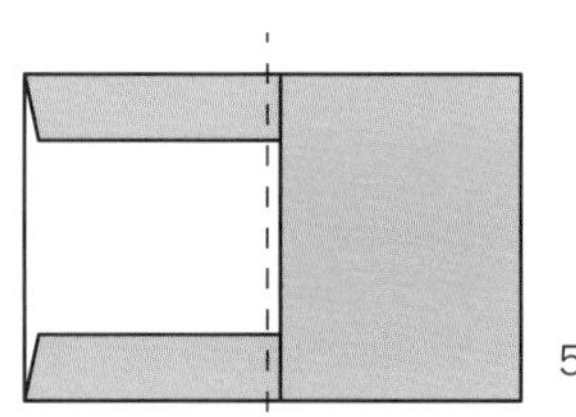

4. Falten Sie das Papier im Falz zurück. Der hintere Buchdeckel ist eingekleidet. Markieren Sie nun die Falze für den Rücken. Arbeiten Sie den ersten Falz am Buchrücken. Berechnen Sie, wie breit der Rücken sein soll, bevor Sie den nächsten Falz markieren. Bei einem ganz dünnen Buch reicht vielleicht ein einziger Falz. Oder Sie verzichten ganz darauf und erhalten einen runden Rücken.

5. Schließen Sie nun das Buch und falten Sie das Papier über den vorderen Buchdeckel. Falten Sie ein paar Millimeter von diesem Deckel entfernt, sodass sich ein leichter Überstand ergibt. Rechnen Sie aus, wie viel Papier Sie für den Einschlag (Umschlagbreite + ca. 5 mm) benötigen, und schneiden Sie das Papier mit der passenden Länge ab. Ziehen Sie den vorderen Buchdeckel so wie bereits den hinteren nach innen in den Umschlag.

Ziehharmonikafaltung

Als ich Privatschülerin bei der Buchkünstlerin Hedi Kyle in Philadelphia war, zeigte sie mir, wie man leicht eine Ziehharmonika falten kann, bei der alle Seiten exakt gleich groß werden.

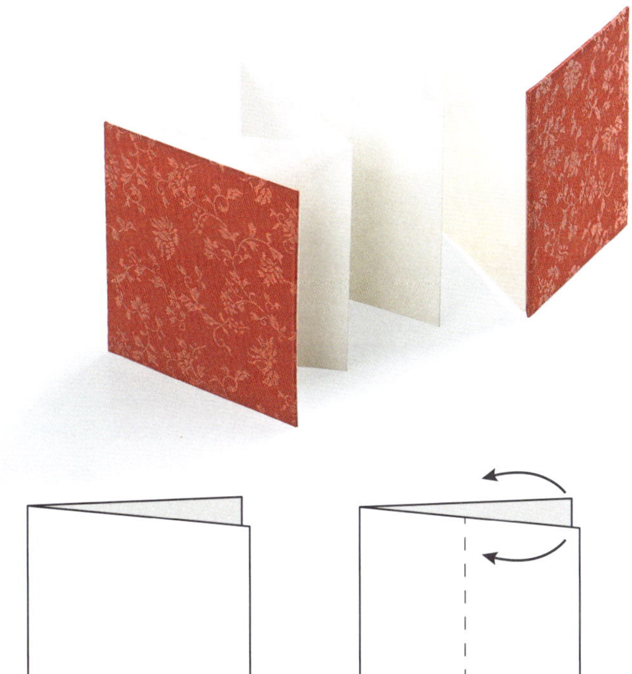

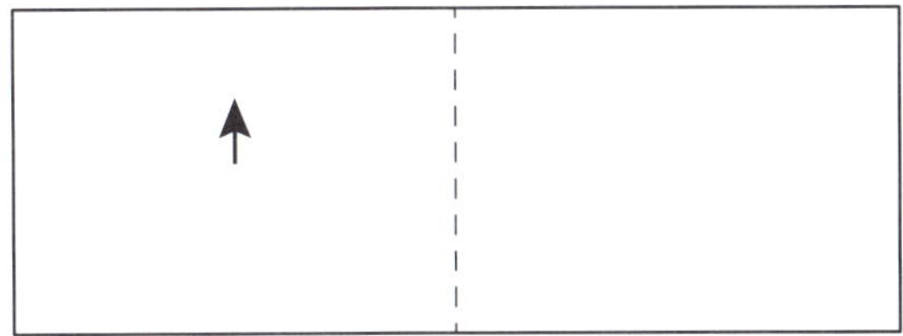

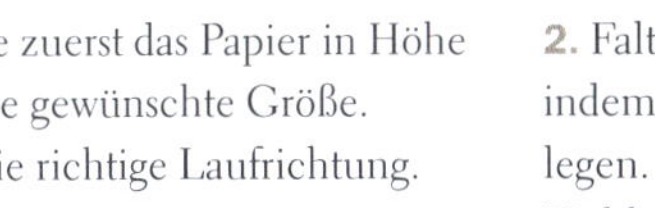

1. Schneiden Sie zuerst das Papier in Höhe und Breite auf die gewünschte Größe. Achten Sie auf die richtige Laufrichtung.

2. Falten Sie den Bogen in der Mitte, indem Sie Außenkante gegen Außenkante legen. Sie haben jetzt zwei Seiten in der Ziehharmonika.

3. Falten Sie nun die zwei Seiten zur Mitte. Falten Sie jeweils eine Seite und legen Sie die Außenkante gegen die gefalzte Mittelkante.

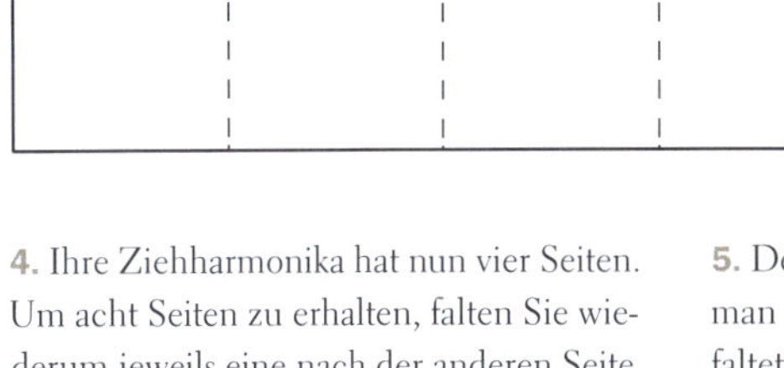

4. Ihre Ziehharmonika hat nun vier Seiten. Um acht Seiten zu erhalten, falten Sie wiederum jeweils eine nach der anderen Seite. Merken Sie sich, welche Seiten bereits gefaltet sind und welche noch nicht. Am einfachsten faltet man zuerst die erste Seite und dann die folgenden der Reihe nach.

5. Der Trick bei dieser Methode ist, dass man stets eine Kante gegen eine andere faltet. Das kann eine Außenkante sein oder eine gefaltete Kante gegen eine andere gefaltete Kante. So gelingt es viel leichter, dass die Falze exakt übereinanderliegen. Es ist wesentlich schwieriger, eine Kante gegen einen Falz in einem aufgeschlagenen Papier zu platzieren. Während des Faltens müssen Sie vielleicht einen Falz auf eine andere Stelle verlegen, um Kante an Kante legen zu können. Wenn Sie mit dem Falten fertig sind, liegen alle Falze wie bei einer Ziehharmonika.

LEPORELLO-ALBUM

Dieses Album hat einen bezogenen Einband mit einem Leporello als Innenteil, in dem Sie Ihre Schätze anbringen können. Überlegen Sie zuvor, was alles Platz haben soll, und berechnen Sie die Breite des festen Rückens daraus, wie viele Seiten das Leporello hat. Sie können zum Beispiel festlegen, ob Sie Ihre Fotografien auf beiden Seiten des Leporellos oder nur auf einer befestigen wollen. Es wird ein stabiles Album, das lange im Bücherregal stehen wird.

MATERIAL

Pappe für Einband (Buchdeckel und Rücken), 1–2 mm dick
Karton für die Ziehharmonika des Leporellos, ca. 200–350 g/m^2
Einbandgewebe zum Beziehen des Einbands oder selbst kaschierter Stoff
Klebstoff

WERKZEUG

Schneidematte
Stahllineal
Skalpell oder scharfes Cuttermesser
Pinsel, ein etwas breiterer und ein schmaler
2 Gläser, für den Klebstoff und für Wasser
Falzbein
Bleistift, am besten Druckbleistift

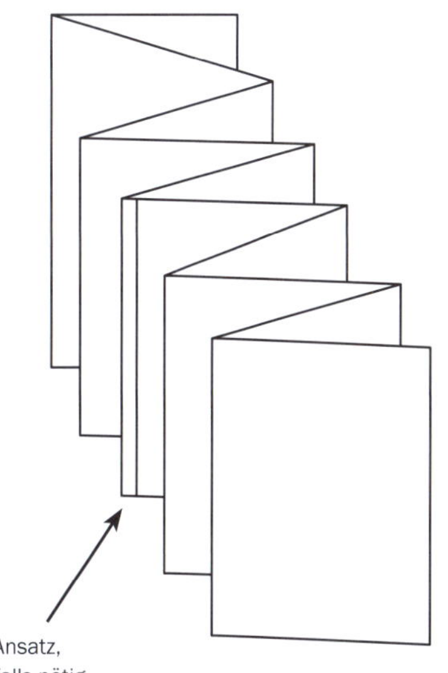

1. Legen Sie das Format Ihres Leporellos und den Seitenumfang fest. Schneiden Sie den Karton zu und falten Sie die Ziehharmonika so exakt wie möglich. Soll das Leporello länger werden, als der Karton es erlaubt, können Sie auch ein Stück ansetzen. Falten Sie dazu eine 10 mm breite Kante, die Sie auf dem nächsten Kartonstück ankleben, dieser Ansatz sollte in einem Falz liegen.

2. Um die nötige Breite des Rückens zu ermitteln, berechnen Sie als Nächstes den geplanten Inhalt Ihres Albums. Legen Sie die vorgesehenen Fotos/Objekte selbst oder mit Platzhaltern in Papierform lose ein. Messen Sie dann die Dicke des gefüllten Leporellos. Dieses Maß entspricht der Breite des Rückens.

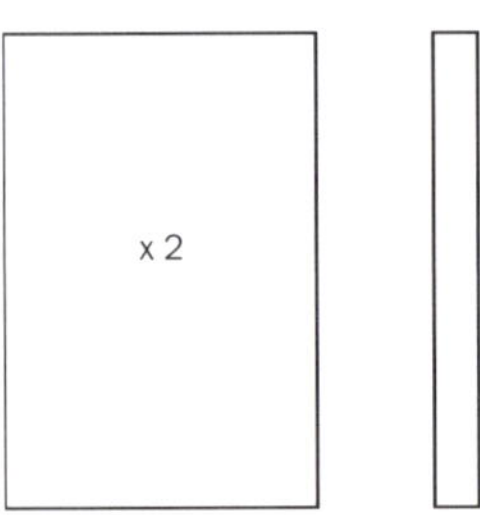

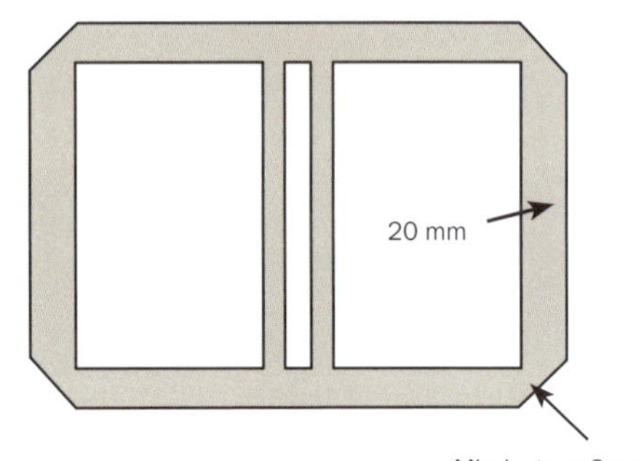

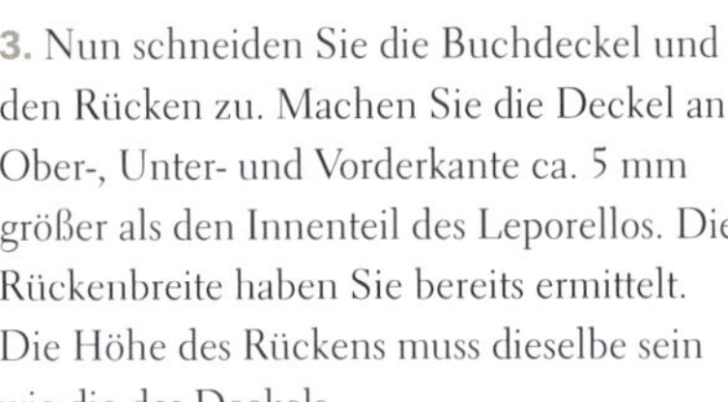

3. Nun schneiden Sie die Buchdeckel und den Rücken zu. Machen Sie die Deckel an Ober-, Unter- und Vorderkante ca. 5 mm größer als den Innenteil des Leporellos. Die Rückenbreite haben Sie bereits ermittelt. Die Höhe des Rückens muss dieselbe sein wie die des Deckels.

4. Die Deckel und den Rücken auf die linke Seite des Einbandgewebes legen. Rücken und Deckel sollten ca. 5 mm voneinander Abstand haben. Alle Teile ausrichten und die Umrisse mit Bleistift auf den Bezugsstoff zeichnen.

Die Teile ankleben. Dazu eine Schicht Klebstoff gleichmäßig auf Deckel und Rücken auftragen und die Teile mit der Klebeseite nach unten auf die linke Seite des Bezugsstoffs legen. Eventuelle Luftblasen mit der platten Seite des Falzbeins ausstreichen. Darauf achten, dass auf der Arbeitsfläche alles sauber bleibt, damit das Album keine unerwünschten Klebstoffflecke bekommt.

5. Schneiden Sie den Bezugsstoff so zu, dass er im rechten Winkel liegt und rundherum ein paar Zentimeter Zugabe hat. Man kann dabei das Lineal an die Pappe anlegen, um die Breite des Lineals als Maß für die Zugabe geschickt auszunutzen. Schneiden Sie danach noch von allen Ecken ein kleines Stück ab.

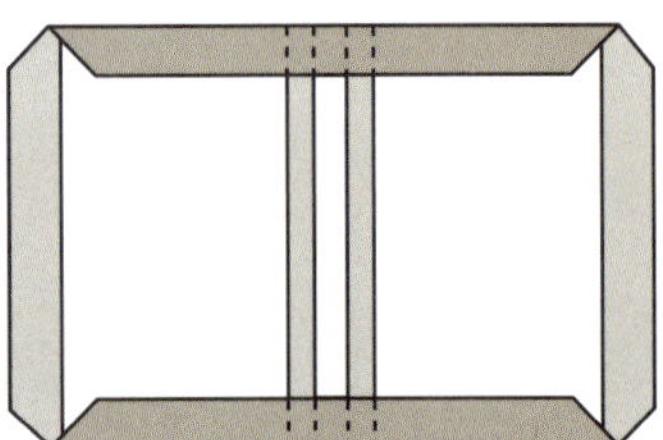

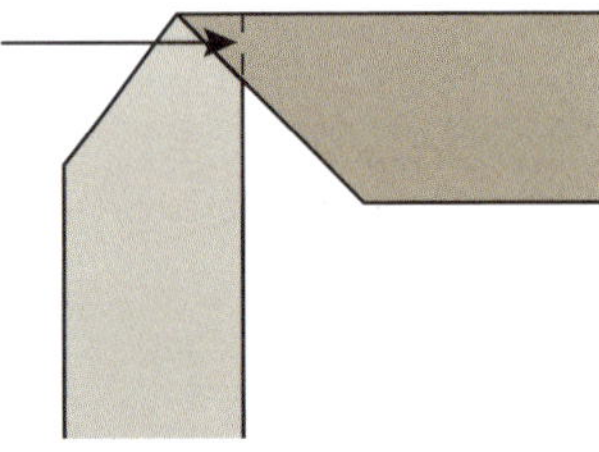

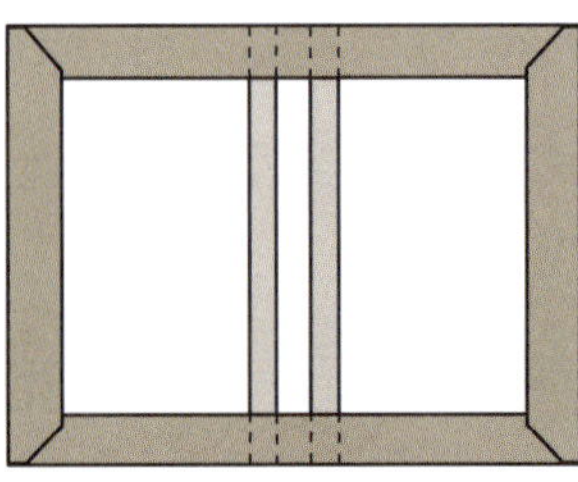

6. Nehmen Sie einen kleineren Pinsel, wenn Sie die obere und untere Längsseite des Bezugsstoffs an die Deckel und den Rücken kleben. Kleben Sie die Stücke nacheinander und drücken Sie den Stoff gut mit dem Daumen an. Ich arbeite beim Andrücken gern vor der Tischkante, um leichter an die Stellen zu gelangen. Mithilfe des Falzbeins arbeiten Sie dann den Bezugsstoff in die 5 mm breiten Falze ein.

7. Drücken Sie den Bezugsstoff auch fest an den Ecken an, damit er auch an den Oberkanten der Deckel anklebt. Stellen Sie sich vor, Sie würden ein Paket einschlagen und die Pappe ist Ihr Paket.

8. Kleben Sie die kurzen Seiten des Bezugsstoffs auf die gleiche Weise an. Wenn alles geklebt ist, sind alle Einschläge gleich breit.

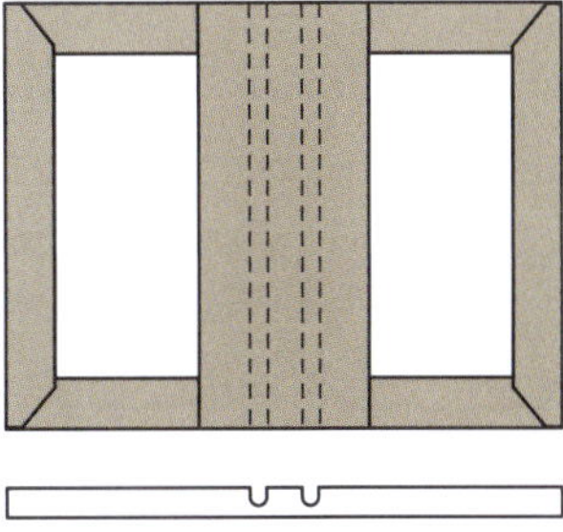

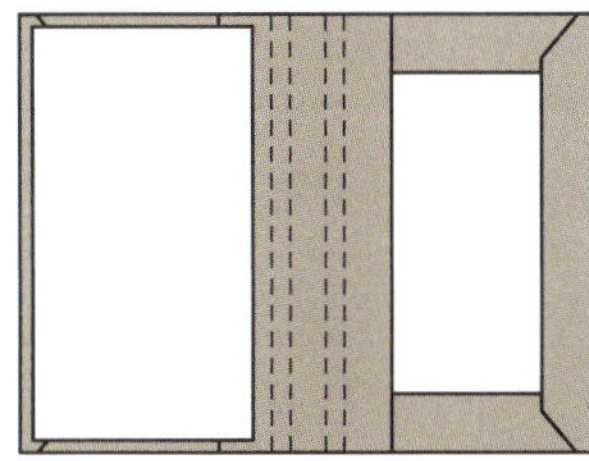

9. Schneiden Sie ein Stück Bezugsstoff so zu, dass es die Innenseite des Rückens abdeckt. Messen und schneiden Sie so, dass es 1 mm vor Ober- und Unterkante endet. Nehmen Sie aber für die Breite etwas mehr, um auch die beiden Falze damit abzudecken (exaktes Maß: 4-mal Dicke der Pappe + 2 Falze). Drücken Sie den Bezugsstoff mit dem Falzbein fest und arbeiten Sie ihn in die Falze ein. Es wirkt schön, wenn die Ränder des Bezugsstoffs auf jeder Seite des Rückens so breit sind wie die Einschläge.

10. Schneiden Sie ein Stück Karton mit den Maßen einer Seite des Innenteils zu, vorzugsweise aus derselben Qualität. Kleben Sie das Kartonstück mittig auf die linke Innenseite des Einbands und drücken Sie es mithilfe des Falzbeins fest.

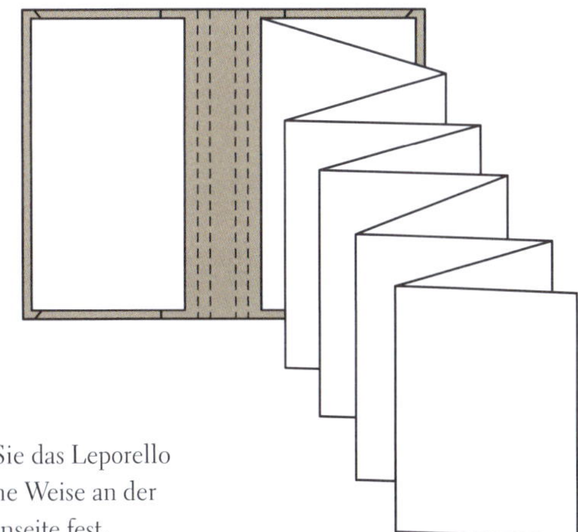

11. Kleben Sie das Leporello auf die gleiche Weise an der rechten Innenseite fest.

12. Legen Sie Brettchen zum Pressen auf den hinteren und den vorderen Buchdeckel. Falten Sie das Leporello auf, um es nicht mitzupressen, nur der zum Schluss angeklebte Bogen soll dabei beschwert werden.

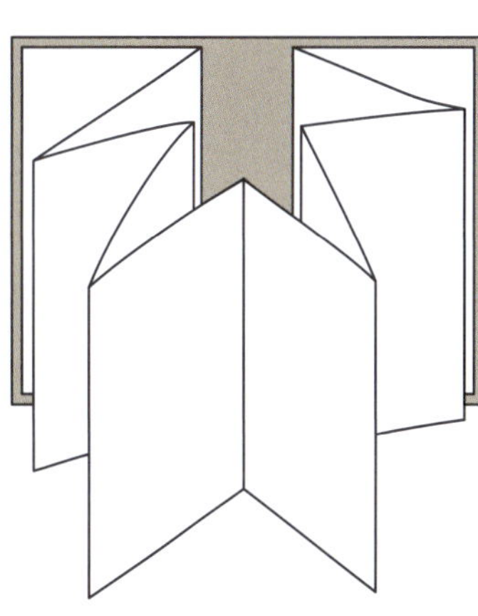

VARIANTE

Statt ein loses Stück Karton auf die vordere Innenseite des Einbands zu kleben, können Sie auch die erste Seite des Leporellos ankleben. Auch damit wird das Buch zusammengehalten, Sie können dann aber nur die Vorderseiten des Leporellos zeigen.

Links: kaschiertes Leinen in Naturton
Rechts: kaschierte chinesische Seide, die speziell für Bücher gewebt wurde; hier auf chinesische Bildrollen aufgezogen

KASCHIERTER STOFF (EINBANDGEWEBE)

Es ist eine schöne Sache, wenn man seine eigenen Stoffe zum Beziehen von Büchern und Schachteln verwenden kann. Eine ganze Welt von Mustern, Farben und Motiven steht einem offen. Um ein gutes Ergebnis zu erhalten, muss man aber zuerst den Stoff »füttern«, das heißt kaschieren.

MATERIAL

Selbst gemachter Kleister (siehe Seite 15)
Dünner Stoff aus Naturfasern
Dünnes einfarbiges Papier, etwas größer als der Stoff, den Sie kaschieren wollen (handgeschöpfte asiatische Papiere sind kräftig und dünn zugleich)
2 Pappen als Zwischenlagen, etwas größer als der Stoff, den Sie kaschieren wollen

WERKZEUG

Zwei Pressbretter, etwas größer als der Stoff, den Sie kaschieren wollen
Gewichte zum Beschweren, zum Beispiel ein schwerer Bücherstapel
2 breite Pinsel

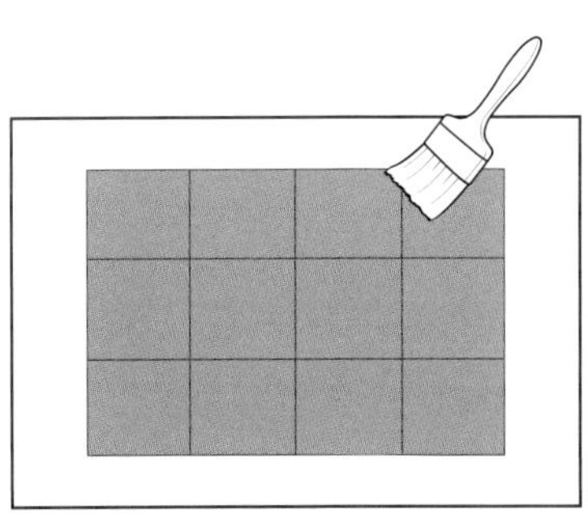

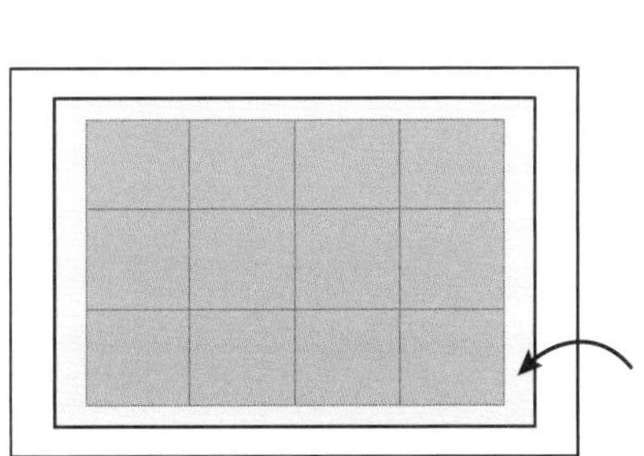

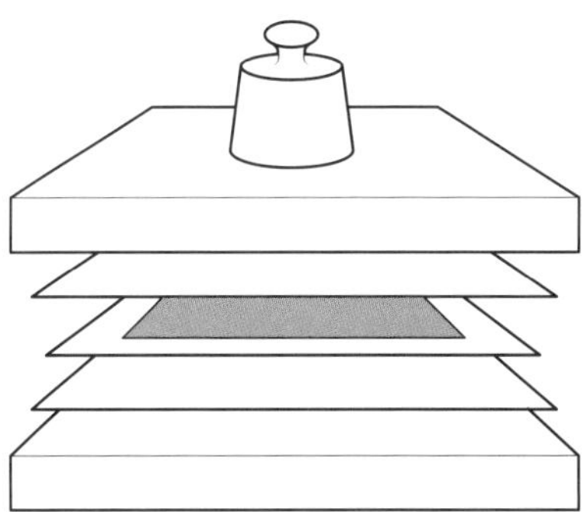

1. Legen Sie den Stoff, der gefüttert werden soll, auf eine plane Unterlage, die man wieder gut reinigen und trocknen kann. Feuchten Sie den Stoff mit einer Sprühflasche leicht an. Ziehen Sie den Stoff so, dass er gerade liegt. Bestreichen Sie ihn gleichmäßig mit einer satten Schicht Kleister. Darauf achten, dass dabei alle Ränder gerade liegen bleiben und nicht im Muster verrutschen.

2. Nehmen Sie das dünne Papier und legen Sie es vorsichtig auf den Stoff. Drücken Sie das Papier mit einem trockenen Pinsel Stück für Stück fest und streichen Sie dabei eventuelle Luftblasen aus.

3. Den gefütterten Stoff vorsichtig hochziehen und auf eine der Pappen legen. Die Unterlage von Kleisterresten reinigen und abtrocknen. Nun die Pappe mit dem gefütterten Stoff auf eines der Pressbretter legen. Die zweite Pappe sowie ein weiteres Pressbrett darauflegen. Alles mit den Gewichten beschweren und mindestens 24 Stunden lang trocknen lassen. Bei Bedarf die Pappen durch trockene auswechseln.

ZIEHHARMONIKABUCH MIT TASCHEN

Das Ziehharmonikabuch lässt sich vielfältig nutzen – vielleicht möchten Sie darin Ihre Visitenkarten aufbewahren oder alle Ersatzknöpfe von neu gekauften Kleidungsstücken? Man könnte darin auch alle Möbel-Filzgleiter nach unterschiedlichen Größen sammeln. Dieses Modell habe ich von der Buchkünstlerin Hedi Kyle gelernt.

MATERIAL

Festes Papier, ca. 100 g/m², das sich leicht falten lässt, zum Beispiel beschichtetes Blumenpapier aus dem Floristikbedarf

Karton für den Umschlag, ca. 200–350 g/m²

WERKZEUG

Schneidematte

Stahllineal

Skalpell oder scharfes Cuttermesser

Falzbein

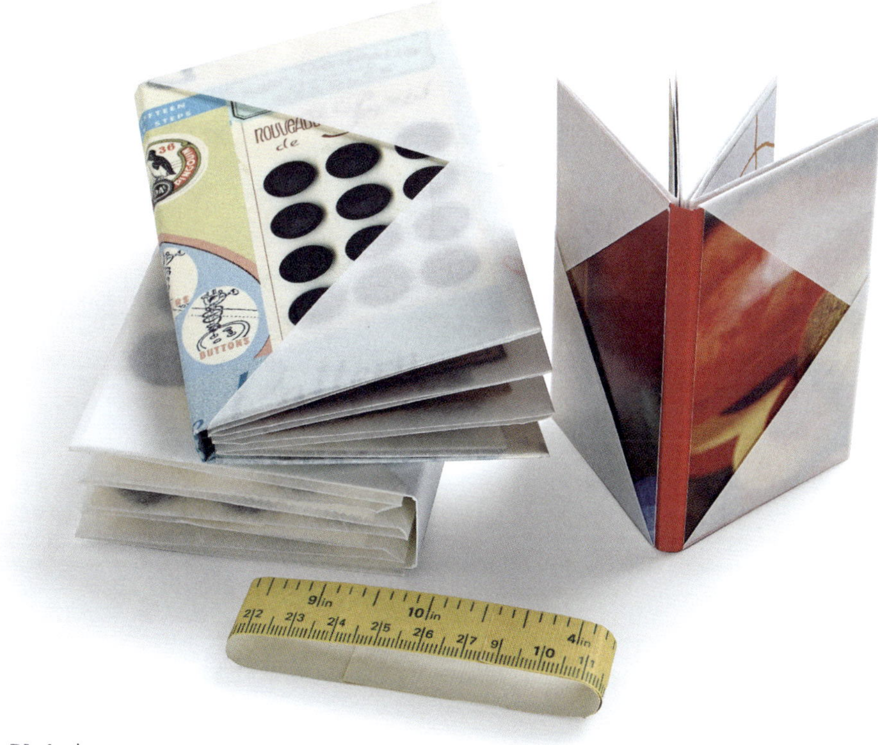

Ziehharmonikabuch aus gewachstem Blumenpapier. Der Umschlag ist aus alten Plakaten und starkem Laserdruckpapier.

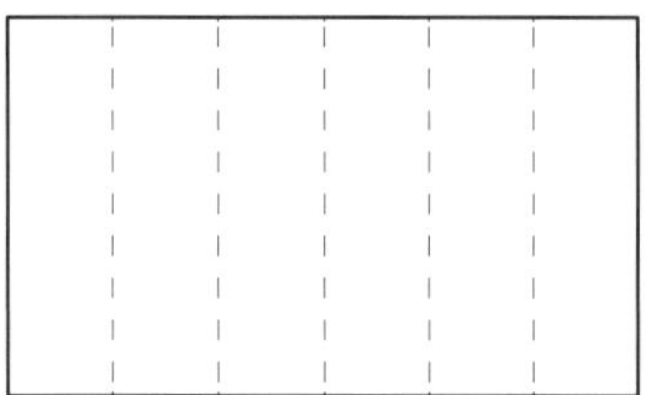

1. Schneiden Sie Ihr gewähltes Papier in passender Größe zu (zur Umfangberechnung siehe Abbildung 2 bei Schritt 2). Höhe, Breite und Anzahl der Taschen bestimmen Sie selbst. Sie müssen lediglich auf eine gerade Anzahl Seiten achten, weil das Papier innen übereinanderliegt. Wenn Sie mein Modell mit vier Taschen nacharbeiten wollen, müssen Sie den Bogen zu einer Ziehharmonika mit sechs gleich großen Teilen falten.

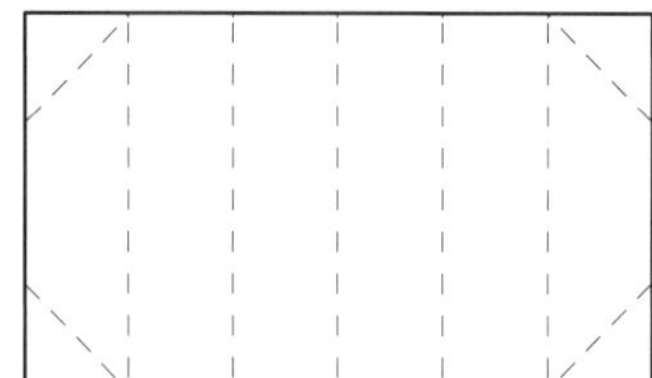

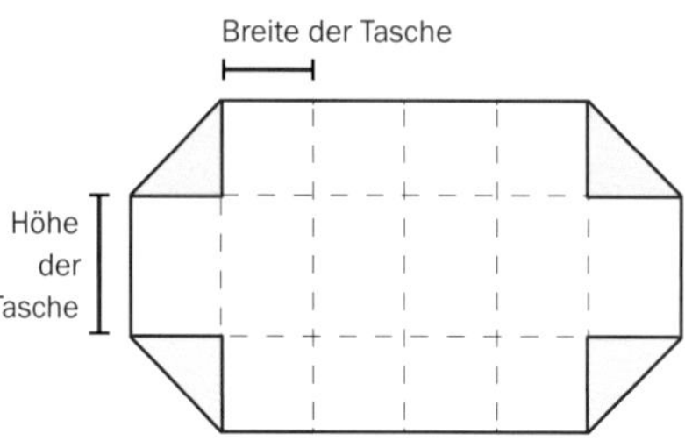

2. Falten Sie alle vier Ecken so, dass eine Seite des eingefalteten Dreiecks parallel zum ersten Falz liegt.

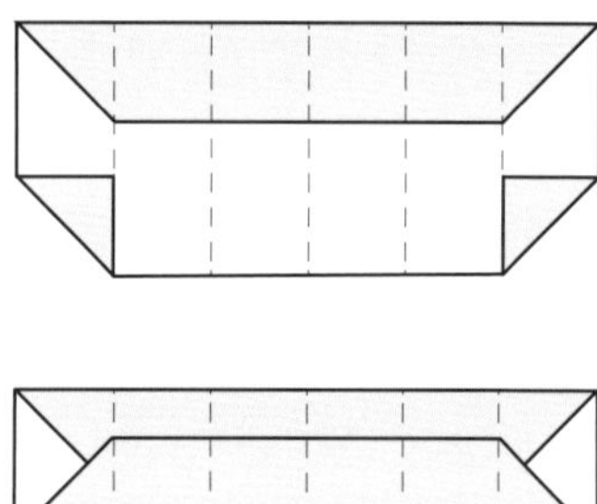

3. Falten Sie Ober- und Unterteil in Höhe der eingefalteten Ecken. Wenn beide Seiten gefaltet sind, müssen sie sich überlappen.

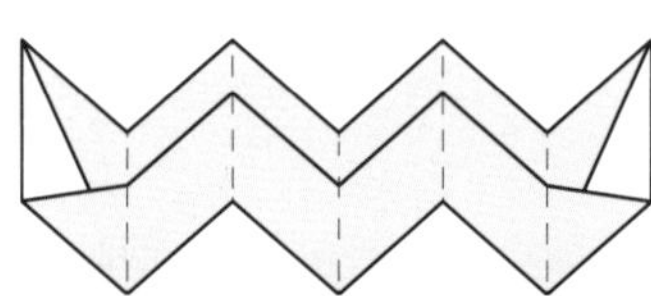

4. Falten Sie an den ersten Falzstellen die Ziehharmonika wieder zusammen und befüllen Sie das Ziehharmonikabuch mit allem, was in den Taschen aufbewahrt werden soll.

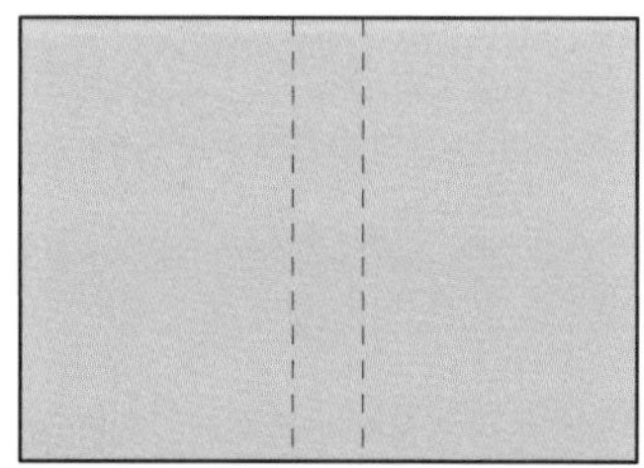

5. Den Karton für den Umschlag zuschneiden: die Höhe entspricht der Höhe des Ziehharmonikabuchs, seine Breite soll für Vorderseite, Rücken und Rückseite reichen. Warten Sie noch mit dem Zuschnitt. Stecken Sie stattdessen den Umschlag in die erste Tascheninnenseite, markieren Sie deren Breite und falzen Sie dort. Alle Taschen füllen und die Breite des Rückens messen, markieren und dort falzen. Zuletzt die Rückseite abmessen und an der Außenkante abschneiden.

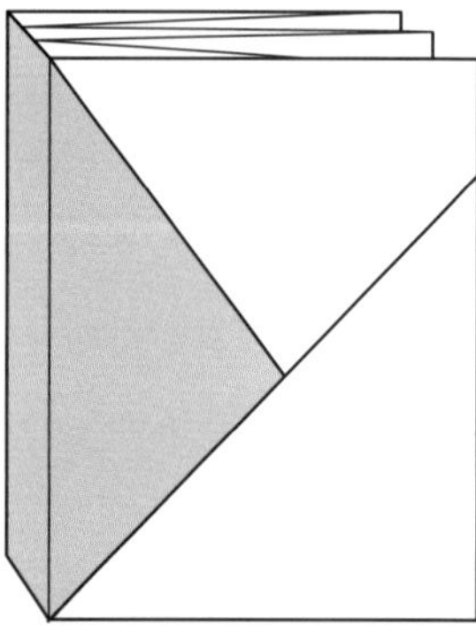

6. Stecken Sie Rück- und Vorderseite des Umschlags in die Enden des Ziehharmonikabuchs. Wenn es klemmt, können Ober- und Unterkante des Umschlags etwas abgeschrägt werden.

TASCHENETUI

Dieses Etui sieht aus wie ein Buch, enthält aber Fächer oder ein Nadelbüchlein, falls gewünscht. Der vordere Buchdeckel ist zum Schmuck mit einer bezogenen Pappe beklebt. Damit es noch eleganter wirkt, sind die Kanten der Pappe abgeschrägt. Wählen Sie selbst die gewünschte Größe und die Anzahl der Fächer. Bei größeren Einbänden passen auch mehrere Fächer nebeneinander.

MATERIAL

Pappe für die Buchdeckel, ca. 1 mm dick
Festes Papier in 2 Farben, ca. 100–120 g/m^2, das sich leicht falten lässt
Eventuell ein Stück Filz
Klebstoff
Doppelseitiges Klebeband

WERKZEUG

Schneidematte
Stahllineal
Skalpell oder scharfes Cuttermesser
Pinsel
Falzbein
Feines Sandpapier und Holzstück
Pressbrett und etwas zum Beschweren
Schaumstoffunterlage
Makulatur
Eventuell Vlieseline
Pinsel

Taschenetuis mit Fächern (links) und mit Filzseiten für Nähnadeln (rechts)

Tipp 1: Nehmen Sie am besten eine Farbe für den Einband und eine zweite für den Rücken innen und die Taschen.

Tipp 2: Wenn Sie das Papier mit dem Falzbein an die Pappe drücken, legen Sie ein sauberes Papier (Makulatur) oder Vlieseline dazwischen, damit keine Abdrücke entstehen.

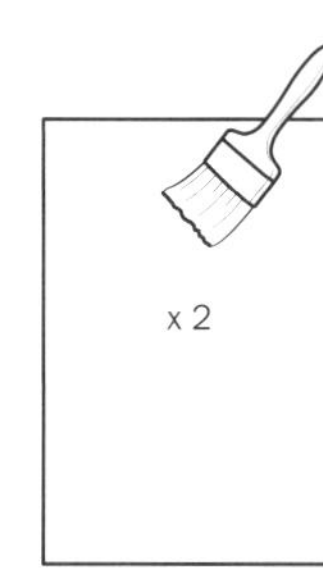

1. Legen Sie zuerst das Format Ihres Etuis fest. Mein Etui ist 8 x 12,5 cm groß. Schneiden Sie die beiden Buchdeckel zu.

2. Legen Sie die Buchdeckel auf das Bezugspapier. Der Abstand zwischen den beiden Deckeln, der später den Rücken bildet, sollte ca. 10 mm breit sein. Machen Sie ihn etwas größer, wenn Sie größere Taschen oder ein Nadelbüchlein fertigen wollen oder wenn Sie viel in die Taschen hineinstecken wollen. Richten Sie alles gerade aus und umfahren Sie alle Teile mit dem Bleistift.

3. Kleben Sie alle Teile an, indem Sie eine gleichmäßige Schicht etwas dünneren Klebstoff mit dem Pinsel auf die Buchdeckel auftragen. Legen Sie sie dann mit der Klebeschicht nach unten auf das Papier zurück. Darauf achten, dass rundherum alles sauber bleibt, damit das Material keine unerwünschten Klebeflecke bekommt. Wenden Sie die Arbeit und pressen Sie das Papier mit der flachen Seite des Falzbeins an die Teile.

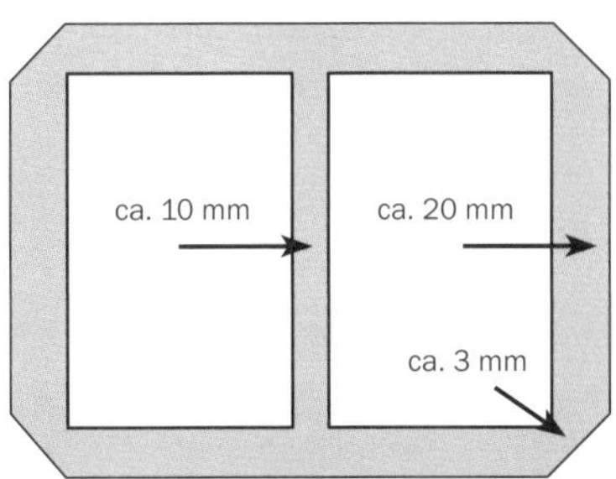

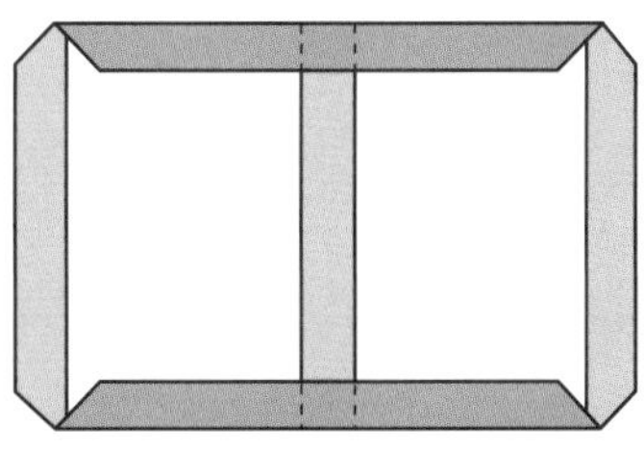

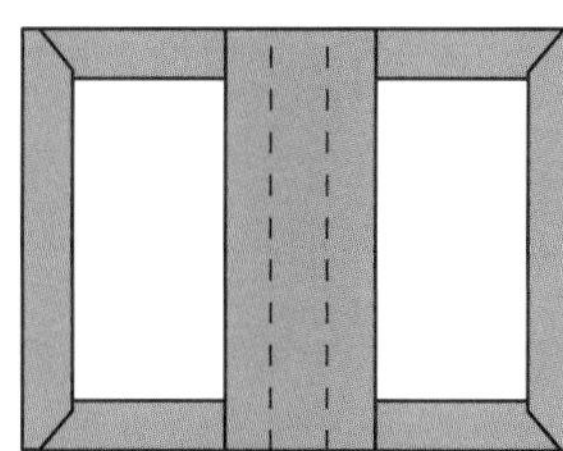

4. Schneiden Sie das Papier rechtwinklig rund um die Buchdeckel sauber so ab, dass Sie ein Rechteck mit einem Rand von ein paar Zentimetern erhalten. Man kann dabei das Lineal an die Pappe anlegen, um die Breite des Lineals als Maß für die Zugabe geschickt auszunutzen. Schneiden Sie danach noch von allen Ecken des Papiers ein kleines Stück ab.

5. Nehmen Sie einen kleineren Pinsel, wenn Sie die obere und untere Längsseite des Papiers an die Buchdeckel kleben. Kleben Sie die Stücke nacheinander und drücken Sie das Papier gut mit dem Daumen an. Ich arbeite beim Andrücken gern vor der Tischkante, um leichter an die Stellen zu gelangen. Drücken Sie das Papier auch an den Ecken an, sodass diese an der Oberkante der Buchdeckel angeklebt sind.

6. Kleben Sie die kurzen Seiten des Papiers auf die gleiche Weise an. Schneiden Sie anschließend ein Stück Papier zu, das die Innenseite des Rückens bedeckt. (Nehmen Sie Papier in der zweiten Farbe, wenn die Innenseite eine andere Farbe haben soll.) Messen und schneiden Sie so, dass es 1 mm unter Ober- und Unterkante endet.

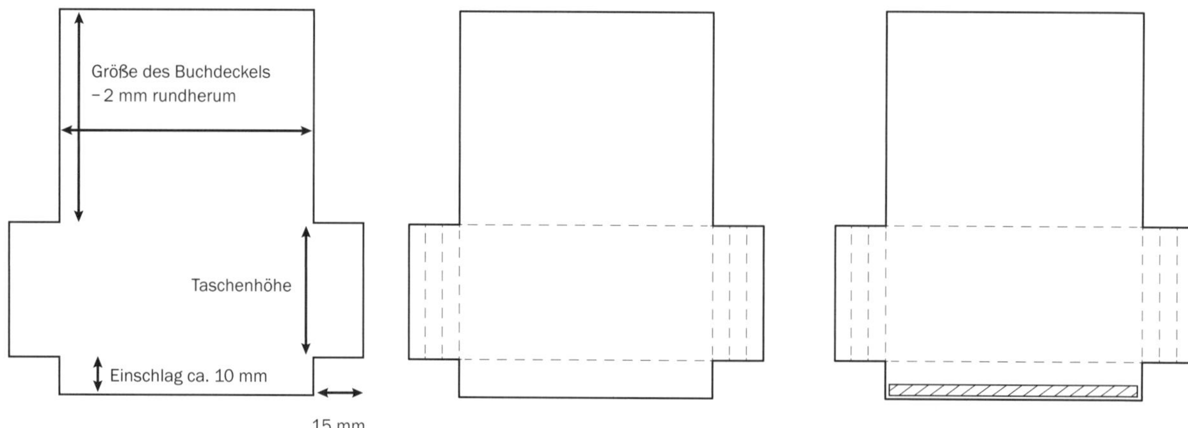

7. Schneiden Sie die Taschen laut Abbildung oben zu (in der zweiten Farbe, wenn die Innenseite eine andere Farbe haben soll).

8. Falzen Sie die Seiten entsprechend der Abbildung ziehharmonikaartig zu einem sogenannten Balg vor. Die Falze haben jeweils 5 mm Abstand.

9. Befestigen Sie einen Streifen Doppelklebeband an der Außenkante der Innenseite des Einschlags. Falten Sie den Einschlag um und kleben Sie ihn an der Innenseite der Tasche fest.

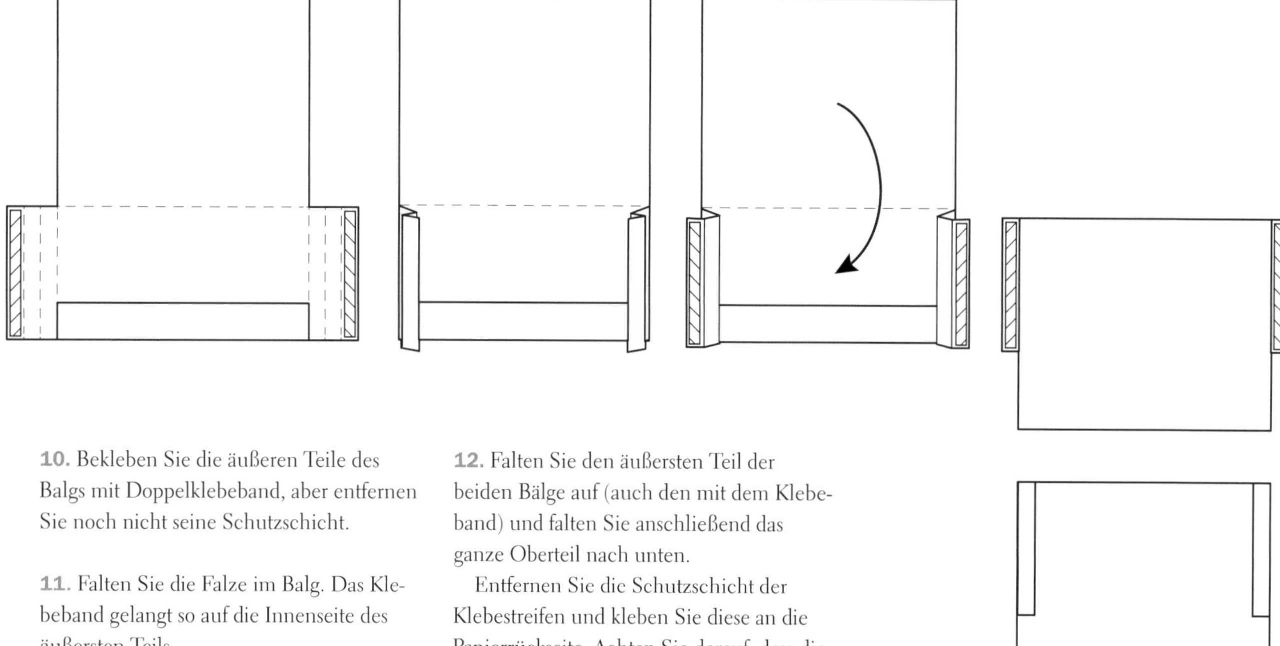

10. Bekleben Sie die äußeren Teile des Balgs mit Doppelklebeband, aber entfernen Sie noch nicht seine Schutzschicht.

11. Falten Sie die Falze im Balg. Das Klebeband gelangt so auf die Innenseite des äußersten Teils.

12. Falten Sie den äußersten Teil der beiden Bälge auf (auch den mit dem Klebeband) und falten Sie anschließend das ganze Oberteil nach unten.

Entfernen Sie die Schutzschicht der Klebestreifen und kleben Sie diese an die Papierrückseite. Achten Sie darauf, dass die Rückseite der Tasche im Falz liegt.

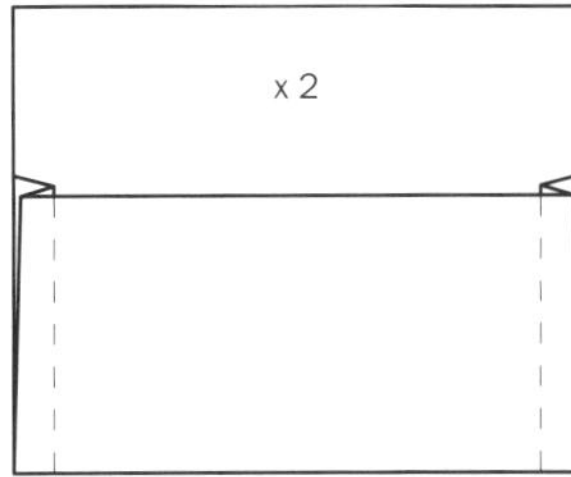

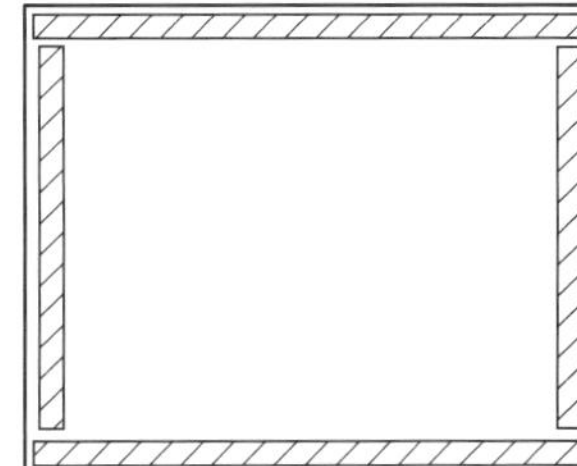

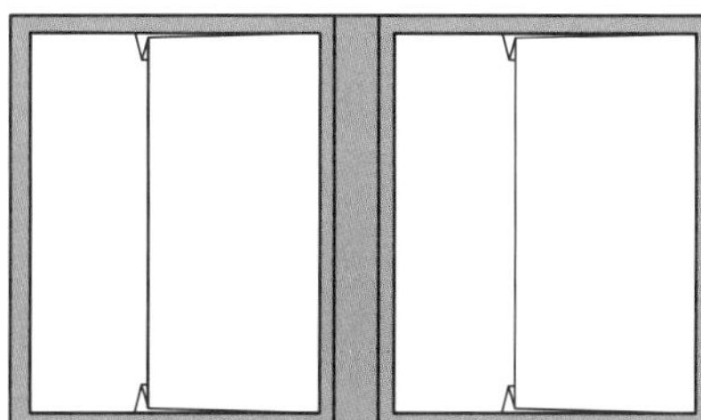

13. Sie haben nun eine schöne kleine Tasche, die im Etui befestigt werden kann. Fertigen Sie noch eine zweite auf die gleiche Weise.

14. Befestigen Sie rund um die Rückseite der Taschen Doppelklebeband.

15. Bringen Sie die Taschen im Etui mit der Öffnung in derselben Richtung an. So sitzen die Taschen an verschiedenen Stellen und das Etui bleibt gleich dick, auch wenn man es mit gefüllten Taschen schließt. Setzen Sie die Taschen mit den Öffnungen in verschiedenen Richtungen ein, liegen die Taschen aufeinander.

Ich habe als Dekoration zusätzlich eine überzogene Pappe außen auf den vorderen Buchdeckel geklebt. Damit wird das Etui auch gleichzeitig etwas stabiler.

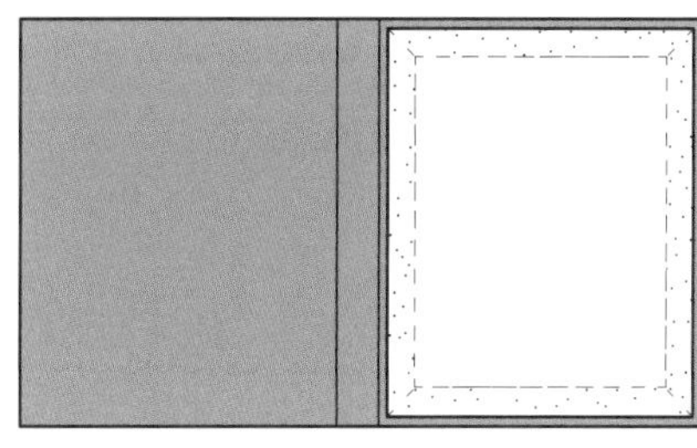

16. Wollen Sie ebenfalls wie ich eine überzogene Pappplatte auf den vorderen Buchdeckel kleben, dann verfahren Sie wie folgt: Ein Stück Pappe ca. 2 mm rundherum kleiner als der vordere Buchdeckel zuschneiden. Alle Außenkanten mit Sandpapier etwas abschrägen, damit sie etwas schlanker wirken. Dazu vorsichtig in eine Richtung schleifen, von der Pappe innen hin zur Kante. Alle Außenkanten sollen spitz zulaufen.

17. Die Platte mit Papier beziehen (wie die Buchdeckel in den Schritten 2–6). Dafür falls gewünscht die zweite Farbe verwenden. Soll das Papier noch verziert werden, muss dies vor dem Aufkleben passieren. Passen Sie besonders auf die dünnen Außenkanten auf. Lassen Sie die Platte beschwert mindestens 10 Minuten trocknen. Um auch die abgeschrägten Kanten beschweren zu können, kann man ein Stück Schaumstoffunterlage zwischen die Platte und die Gewichte schieben. Legen Sie am besten auch ein sauberes, etwas stärkeres Papier zwischen Platte und Pressbrett.

18. Kleben Sie die Platte mittig auf die Vorderseite des Etuis. Beschweren und trocknen lassen, wie in Schritt 17 beschrieben.

VARIANTE

Für ein Nähetui heften Sie einen »Bogen« aus dünnem Filz in der Mitte ein (siehe »Heft in Fadenbindung«, Schritt 7). Bei dickerem Filz oder für weitere Bogen sollten Sie die Rückenbreite etwas erweitern. Darauf achten, die Löcher für die Heftung mittig auf dem Rücken anzubringen, damit es schön aussieht.

FÄCHERBUCH AUS BRIEFUMSCHLÄGEN

Sichten Sie die Briefumschläge, die Sie zu Hause aufbewahren, oder kaufen Sie neue in schönen Farben und fertigen Sie daraus ein pfiffiges Buch mit Fächern. Hier können Sie alles Mögliche sammeln: wichtige Papiere, Fotos … Ich habe mir ein »trädgårdsbok«, zu Deutsch ein Gartenbuch, gemacht, in dem ich meine Samentütchen aufbewahre.

MATERIAL

Briefumschläge in gerader Anzahl

Pappe für die Buchdeckel, 1–2 mm dick

Doppelseitiges Klebeband, am besten säurefrei

WERKZEUG

Schneidematte

Stahllineal

Skalpell oder scharfes Cuttermesser

Falzbein

Das Fächerbuch ist sehr vielseitig. Wenn Sie es als Gartenbuch verwenden wollen, können Sie raffinierte Samentüten ergänzen (siehe Seite 83). Das hier gezeigte Fächerbuch besteht aus Briefumschlägen in der Größe 15 x 15 cm.

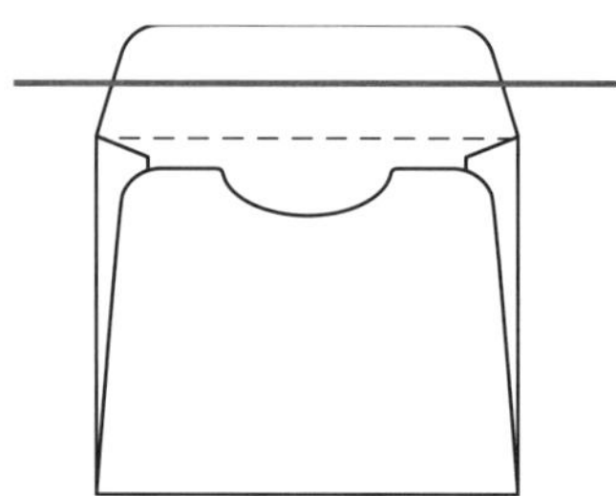

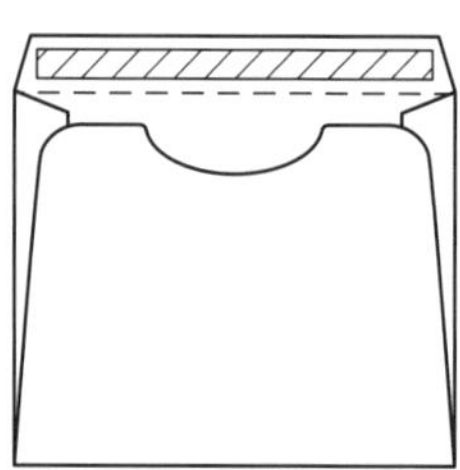

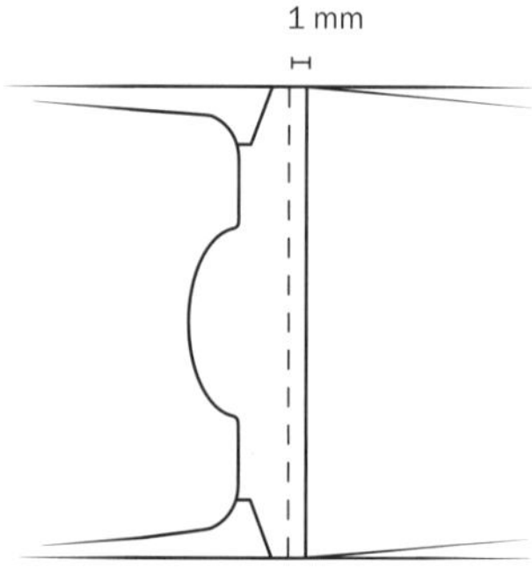

1. Zuerst die Laschen von allen Umschlägen bis auf einen abschneiden. Schneiden Sie dabei eine gute Klebebandbreite über dem Falz ab. Verwenden Sie Umschläge mit einer großen Öffnung, damit Sie später leicht hineingreifen können. Ein C5-Umschlag mit der Öffnung auf der schmalen Seite ist hier nicht optimal. Eine Übersicht über Umschlaggrößen finden Sie auf dem Vorsatz.

2. Befestigen Sie einen Streifen doppelseitiges Klebeband an den verbliebenen Laschenstreifen. Kleben Sie dabei nicht über den Umschlag, damit das Klebeband nicht übersteht.

3. Kleben Sie die Umschläge zu einer langen Reihe aneinander. Setzen Sie die untere Kante des einen Umschlags auf das Klebeband des anderen. Achten Sie auf einen Rand von 1 mm zum Falz (wenn Sie die Kante zu nah an den Falz setzen, hat der Umschlag zu wenig Platz, wenn Sie die »Ziehharmonika« zusammenfalten.) Die Linien der Schneidematte sind beim exakten Platzieren der Umschläge zueinander eine gute Hilfe.

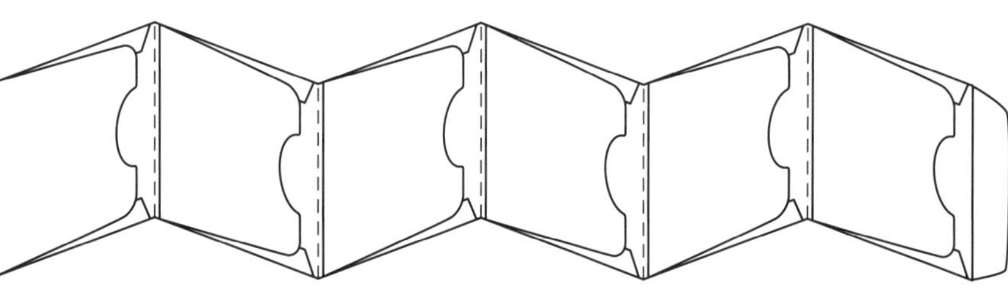

4. Am letzten Umschlag ganz rechts lassen Sie die Lasche stehen, damit Sie den Umschlag schließen können. Die übrigen Umschläge schließen sich, wenn Sie die Ziehharmonika zuklappen.

5. Schneiden Sie die Buchdeckel zu: auf allen Seiten rundherum 2–3 mm größer als die inneren Umschlagfächer, außer an der Rückenseite, an der die Deckel Kante an Kante an die Umschlagfächer stoßen. Befestigen Sie auf den Rückseiten der äußeren Umschlagfächer Klebestreifen und kleben Sie die Buchdeckel darauf.

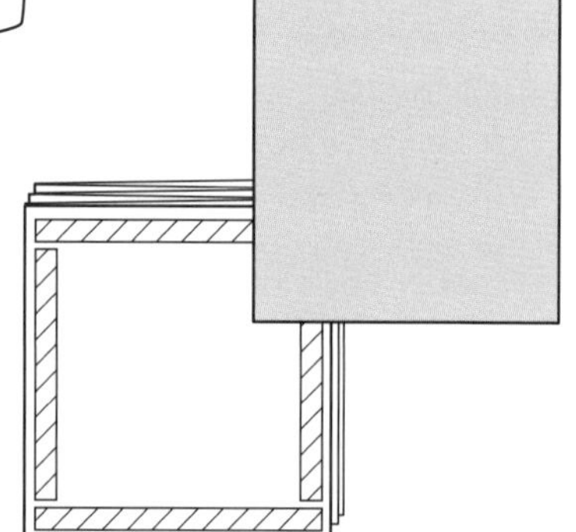

SAMENTÜTEN

Bei der Restaurierung des Wohnsitzes Carl von Linnés im Linné-Garten in Uppsala fand man diese Samentüten. Wer diese Falttechnik erfunden hat, wissen wir nicht, aber die Samentüten wurden im botanischen Garten verwendet.

Samentüten aus dünnem, handgeschöpftem asiatischem Papier gefaltet

MATERIAL

Quadratisches Papier, nicht zu dick

WERKZEUG

Falzbein

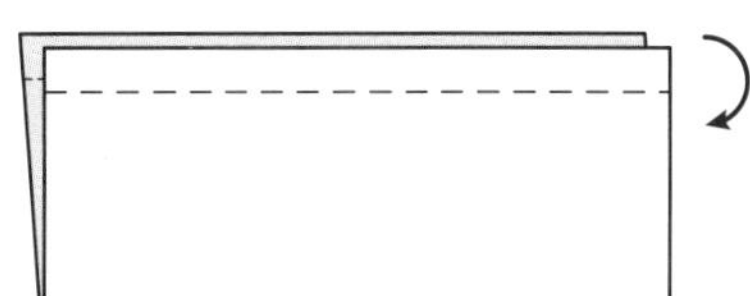

1. Ein dünnes Blatt Papier einmal mittig falten. 12 x 12 cm sind dafür eine gute Größe.

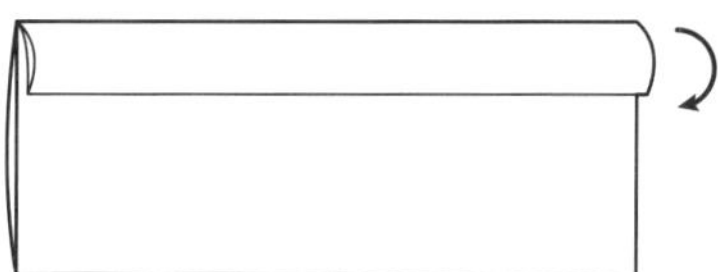

2. Die offene lange Seite schließen, dazu die beiden Kanten ca. 10 mm nach unten falten. Dann die gefaltete Kante noch einmal falten.

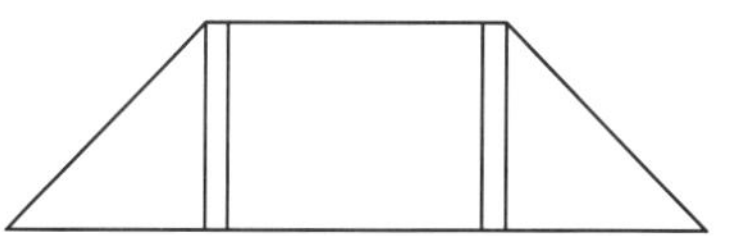

3. Die Arbeit wenden und die Ecken mit den gefalteten Kanten nach unten falten.

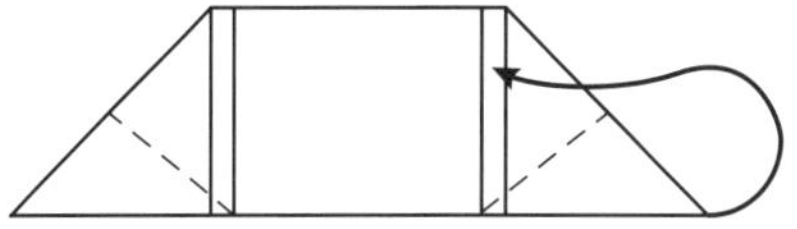

4. Schlagen Sie die Spitzen ein, sodass die langen Seiten unter den 10 mm breiten Kanten liegen.

5. So sehen die fertigen Samentüten aus.

6. Falten Sie die eine Seite auf und füllen Sie die Samenkörner ein. Verschließen Sie die Tüte danach wieder.

Wenn Sie das nächste Mal eine Samentüte falten, können Sie auch die Schritte 3–4 erst nur auf einer Seite ausführen. Dann füllen Sie den Samen ein und wiederholen dann die Schritte 3–4 auf der anderen Seite.

Dünnes, handgeschöpftes asiatisches Papier in verschiedenen Blau-Nuancen gefärbt

Oben: Tauchbad an zwei entgegengesetzten Längsseiten in zwei Nuancen

Unten: Eine Ecke wurde in zwei Tauchgängen in zwei verschiedenen Nuancen gefärbt, die entgegengesetzte Ecke in einer Nuance.

PAPIER IM TAUCHBAD FÄRBEN

Es gibt jede Menge schöne bedruckte Papiere in den unterschiedlichsten Farben und mit unzähligen Motiven zu kaufen. Um ein individuelles Papier zu erhalten, können Sie Ihr eigenes färben – Sie benötigen lediglich Lebensmittelfarben, Papier und Wasser.

MATERIAL

Dünnes, kräftiges Papier, am besten handgeschöpftes asiatisches Papier

Lebensmittelfarben in den gewünschten Farbtönen

WERKZEUG

Kleine Schüsseln oder Kaffeetassen

Föhn

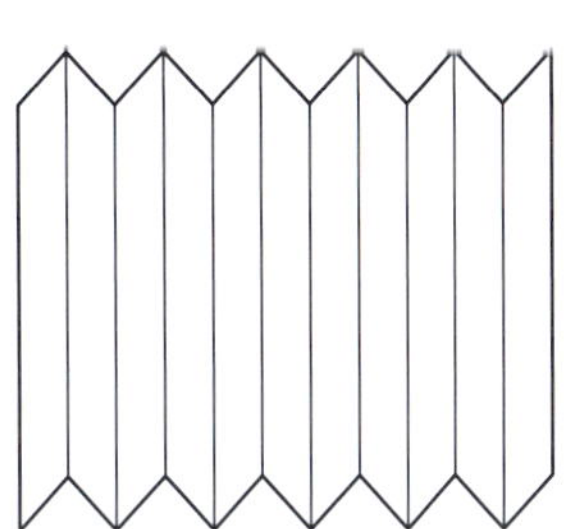

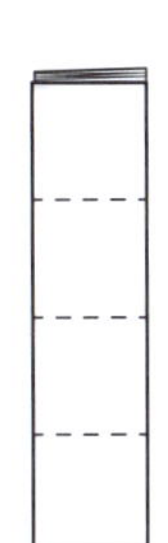

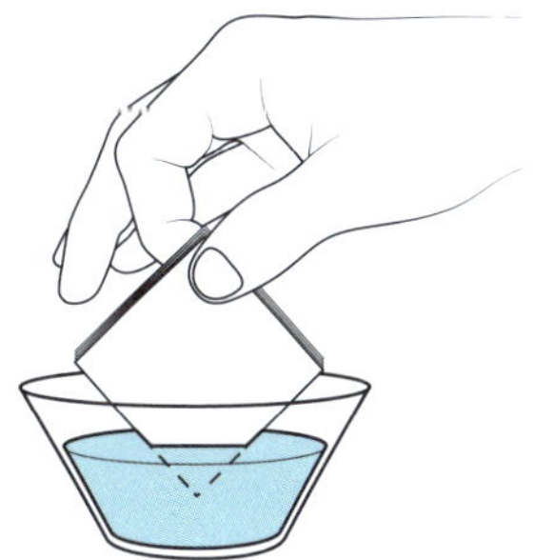

Tipps: Mischen Sie nicht zu viele Farben miteinander und versuchen Sie, die Farben rein zu halten. Für leichte Schattierungen nur ganz wenig andere Farbe untermischen. Stets erst einen Probebogen eintauchen, um schnell das Resultat einer neuen Mischung zu sehen.

1. Nehmen Sie einen nicht zu großen Papierbogen, sonst kann die Farbe nicht ganz durch den zusammengefalteten Stoß eindringen. Falten Sie das Papier zur Ziehharmonika.

2. Falten Sie die längs gefaltete Ziehharmonika nun auch quer ziehharmonikaförmig. Legen Sie den gefalteten Stoß über Nacht unter Gewichte zum Beschweren, um ein optimales Ergebnis zu erzielen.

3. Bereiten Sie die gewünschte Anzahl an Farbbädern vor. Probieren Sie dabei einfach aus, was Ihnen gefällt. Ich habe es gern, wenn ein Bad eine blassere und ein anderes eine etwas kräftigere Farbe hat. Beginnen Sie immer mit der schwächsten Farbe. Legen Sie den gefalteten Papierbogen nach dem Tauchbad auf ein Stück Papier. (In der Zwischenzeit können Sie mehrere andere Bogen im schwachen Farbbad färben.) Falten Sie dann den gefalteten Bogen vorsichtig auf und trocknen Sie ihn mit einem Föhn.

4. Wenn der Bogen getrocknet ist, legen Sie ihn in denselben Falzen wieder zusammen und tauchen ihn in das kräftigere Farbbad. Wiederholen Sie den Vorgang, bis Sie zufrieden sind. Achten Sie darauf, dass der Bogen trocken ist, bevor Sie ihn aufs Neue eintauchen. Sie können ihn auch nicht wieder so zusammenfalten wie vorher. Oder Sie tauchen die Ecken oder die Längsseiten verschieden stark und unterschiedlich oft in das Farbbad ein.

5. Die trockenen Bogen mit Gewichten beschweren und über Nacht pressen.

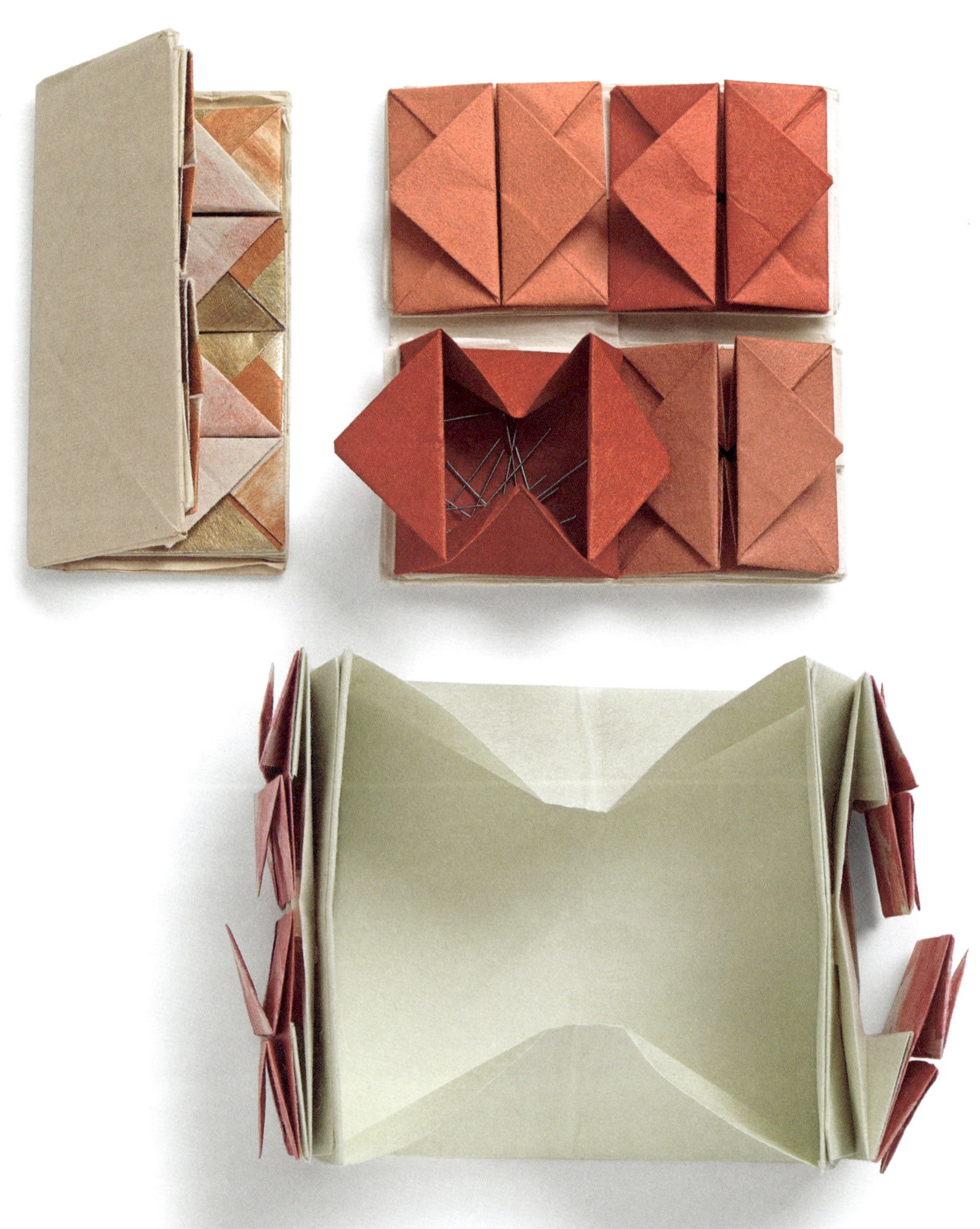

CHINESISCHES NÄHETUI

Dieses Nähetui aus Papier ist von den eleganten Etuis inspiriert, in denen man früher in China Stickgarn, Nadeln, Stoffstücke und andere kleine persönliche Dinge aufbewahrte. Man kann erstaunlich viel darin verstauen und in den neun Fächern ordentlich sortieren.

MATERIAL

2 Bogen kräftiges dünnes Papier, am besten asiatisches – zum Beispiel eines in einer neutralen Farbe und ein farbiges/gemustertes

Doppelseitiges Klebeband

WERKZEUG

Schneidematte

Stahllineal

Skalpell oder scharfes Cuttermesser

Falzbein

Bleistift

Gegenüberliegende Seite: chinesische Nähetuis aus dünnen handgeschöpften asiatischen Papieren. Das goldfarbene Papier ist chinesisches »joss paper«, auch Schicksalspapier oder Geistergeld genannt. Es ist in kleinen quadratischen Formaten erhältlich.

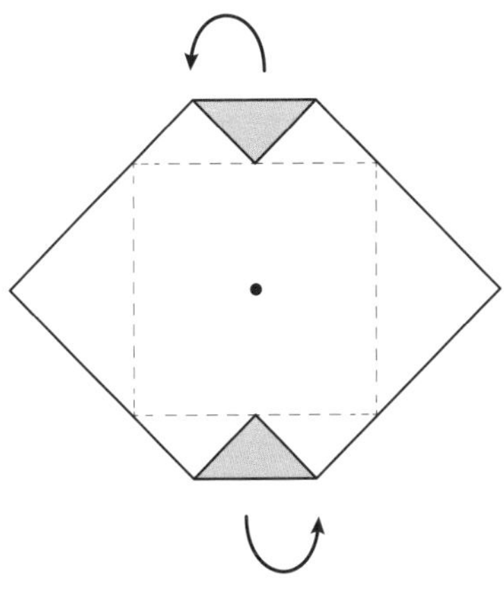

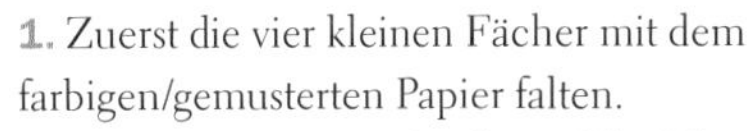

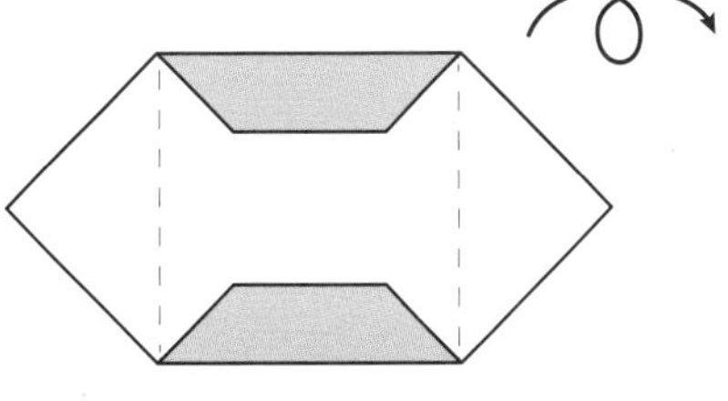

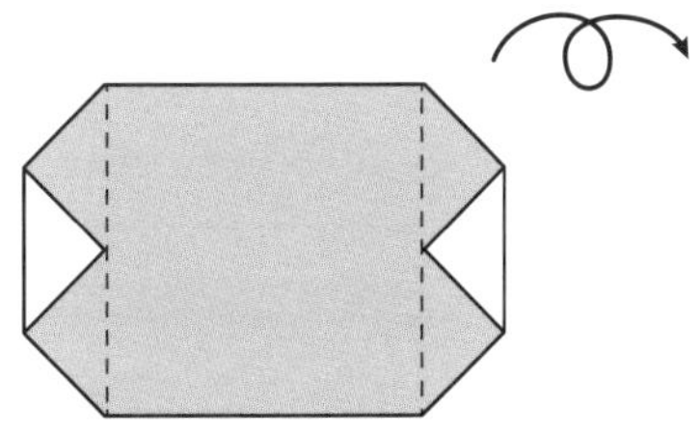

1. Zuerst die vier kleinen Fächer mit dem farbigen/gemusterten Papier falten.

Schneiden Sie vier Stücke in 15 x 15 cm zu und markieren Sie jeweils die Mitte.

Falten Sie alle Ecken zur Mitte und falten Sie sie wieder auf. Falten Sie dann die oberen und unteren Ecken gegen diese Falzlinien.

2. Die gefalteten Ecken ein weiteres Mal falten, nun in den zuerst gefalteten Falz. Die ganze Arbeit wenden.

Denken Sie daran, dass die Arbeit mit dem Etui leichter ist, wenn Sie immer sehr exakt und scharf falten.

3. Falten Sie die verbliebenen Ecken auf die gleiche Weise wie in Schritt 1. Wenden Sie die Arbeit.

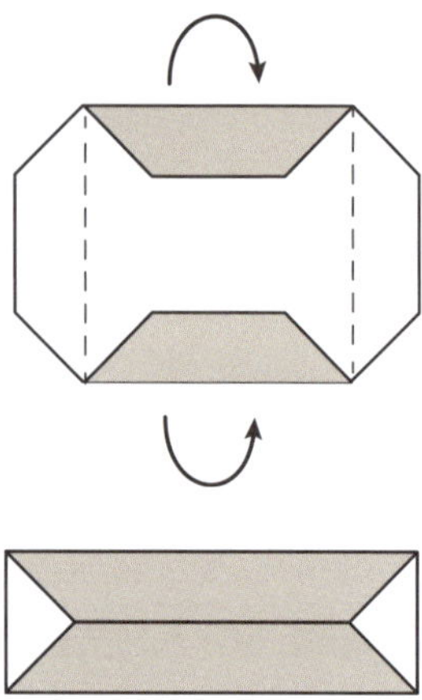

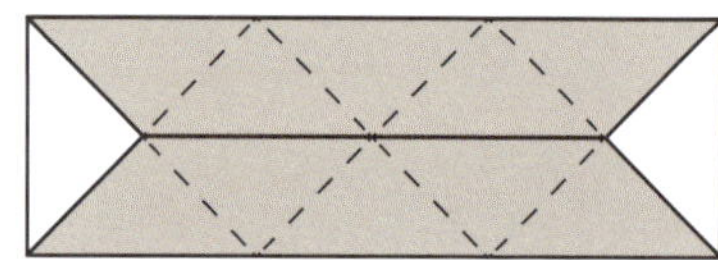

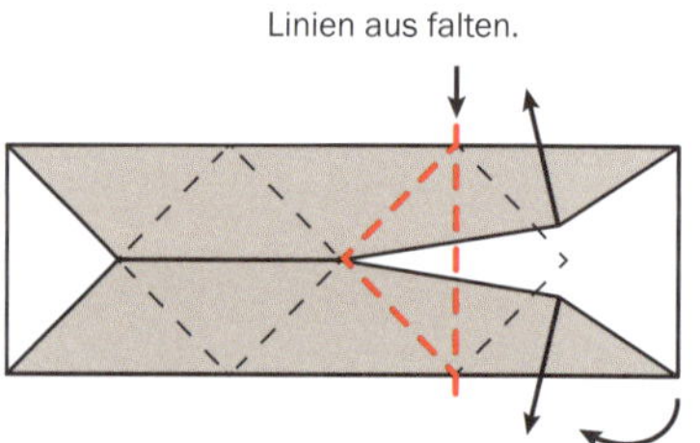

4. Die eingefalteten Seiten falten Sie zur Mitte der Arbeit. Es sollte nun so aussehen.

5. Im nächsten Schritt sollen die Falze ausgeführt werden, die in der Abbildung oben als gestrichelte Linien eingezeichnet sind. Um die Falze im rechten Winkel falten zu können, nehmen Sie die Linien der Schneidematte zu Hilfe. Sie können auch ein Lineal verwenden und mit dem Falzbein daran entlangfahren, dann können Sie leichter exakt falzen.

6. Nun wird ein Drittel der Arbeit doppelt gefaltet. Zunächst biegen Sie aber die Öffnung so auseinander, dass sie sich in die rot markierten Falze hineinschiebt. Damit erhalten Sie auf einem Drittel der Arbeit einen neuen Falz.

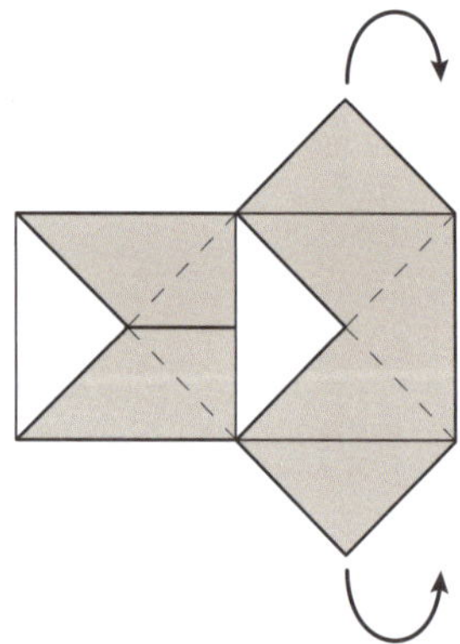

7. Falten Sie das Drittel flach zur Arbeit, die dann folgendermaßen aussieht.

Die obere und untere Ecke falten Sie zur Mitte hinein. Sie erhalten dadurch ein Rechteck.

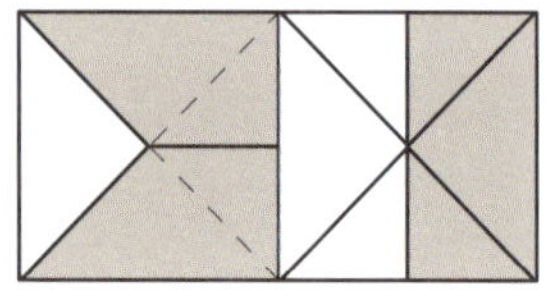

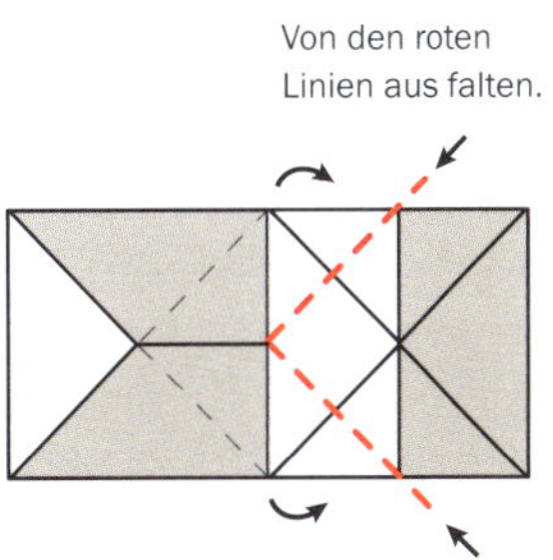

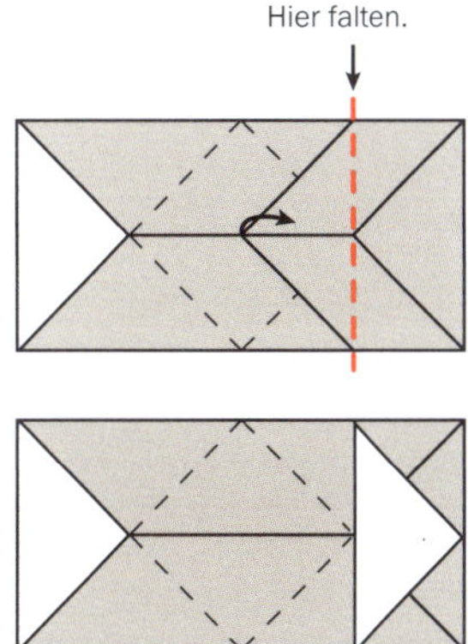

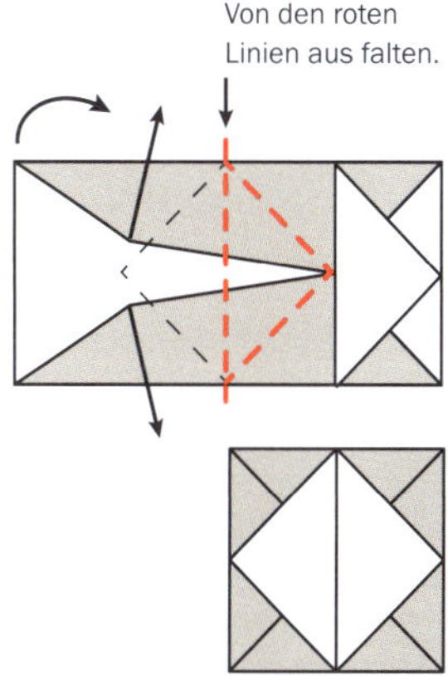

8. Die Ecken, die sich in der Mitte der Arbeit befinden, falten Sie zur Mitte hin.

9. Das so entstandene Dreieck falten Sie so herunter, dass die Spitze an die Außenkante der Arbeit stößt. Damit ist die halbe Schachtel fertig.

10. Arbeiten Sie nun auf die gleiche Weise (Schritte 6–9) mit der entgegensetzten Seite der Arbeit. Um nicht spiegelverkehrt arbeiten zu müssen, können Sie die Arbeit auch drehen.

Die erste kleine Schachtel ist fertig. Um sie zu öffnen, zieht man an den »Ohren«. Fertigen Sie drei weitere kleine Schachteln.

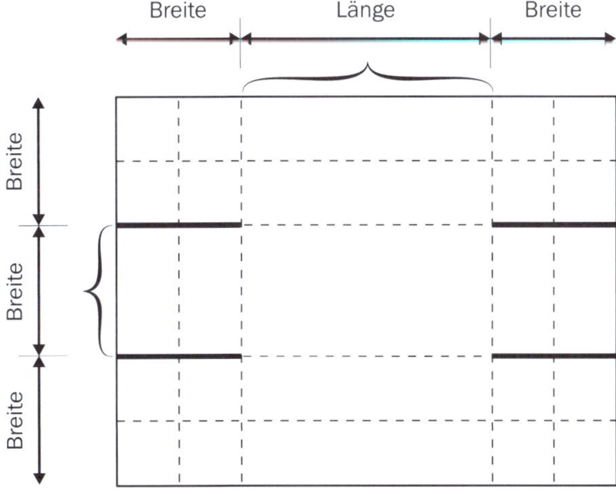

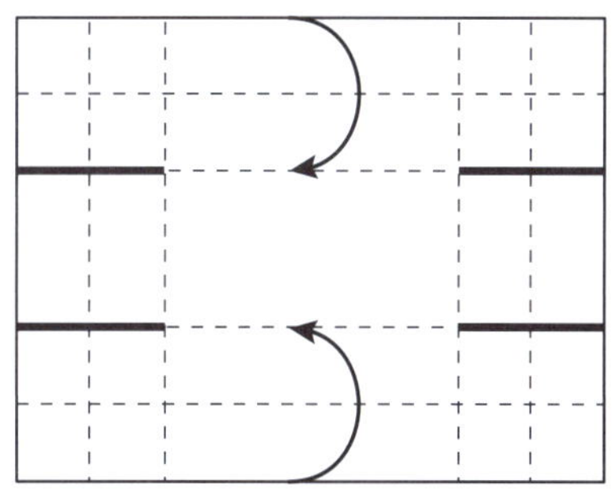

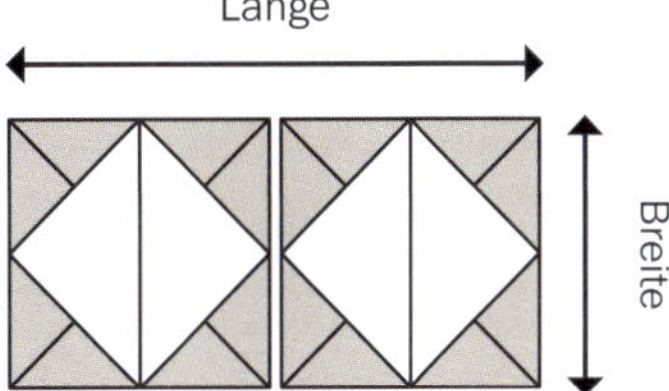

11. Schneiden Sie nun das Papier für die vier mittelgroßen Schachteln zu. Legen Sie zwei kleine Schachteln nebeneinander und gehen Sie von diesem Maß aus, wenn Sie das Papier in einer neutralen Farbe zuschneiden.

Das Papier soll für drei kleine Schachteln in der Höhe und vier in der Länge reichen. Schneiden Sie an den fett markierten Linien viermal ein. Arbeiten Sie auch die Bodenfalze gemäß Abbildung links.

12. Falten Sie nun die obere und untere Wand zum Boden gemäß Abbildung rechts.

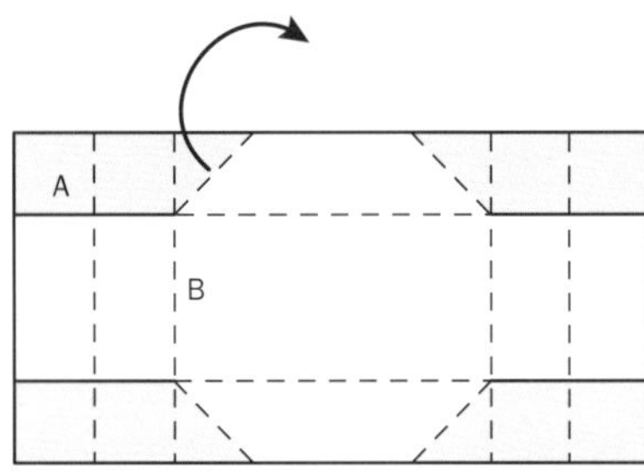

13. Falten Sie Diagonalfalze auf den Längsseiten laut Abbildung (die grau markierten Laschen werden nach hinten gefaltet).
Um die Falze im rechten Winkel ausführen zu können, platziert man Kante A gegen Falz B. Falten Sie alle vier Falze.

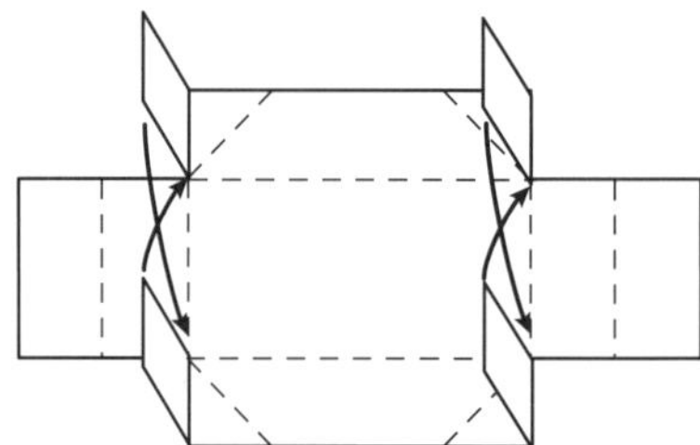

14. Stellen Sie die beiden Längsseiten auf. Die Enden bilden die Wände der kurzen Seiten, falten Sie diese um 90 Grad ein. Dadurch erhalten Sie doppelte kurze Seiten, die mit einem kleinen Stück Doppelklebeband aneinandergeklebt werden.

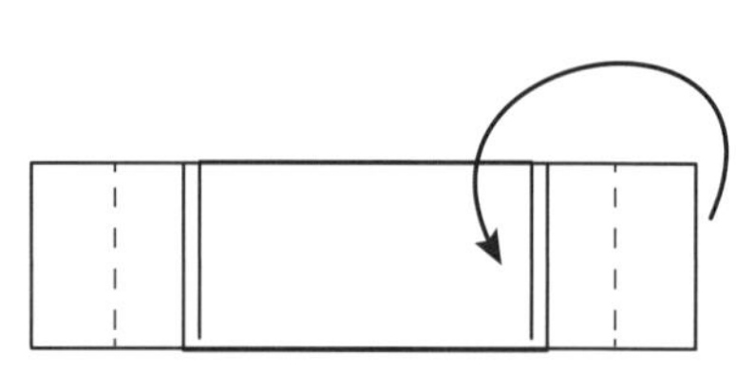

15. Falten Sie die übrig gebliebenen Laschen über den kurzen Seiten nach innen. Verkleben Sie sie ebenfalls mit einem kleinen Stück Doppelklebeband.

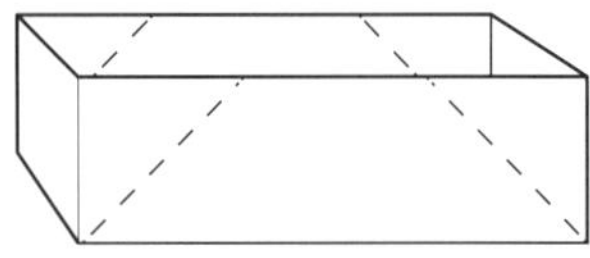

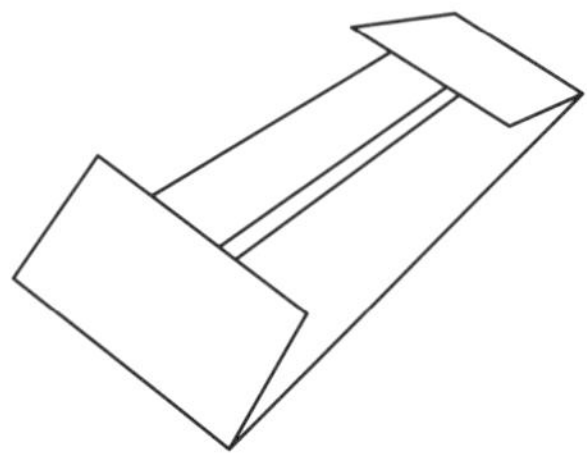

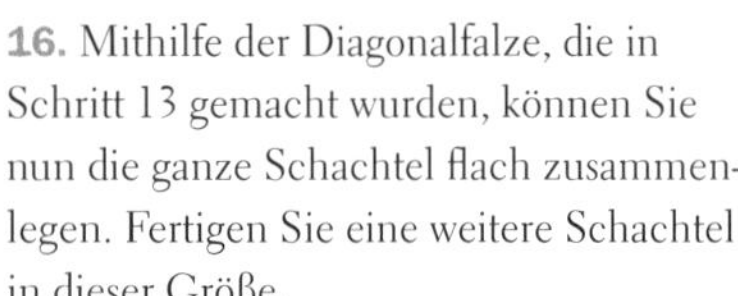

16. Mithilfe der Diagonalfalze, die in Schritt 13 gemacht wurden, können Sie nun die ganze Schachtel flach zusammenlegen. Fertigen Sie eine weitere Schachtel in dieser Größe.

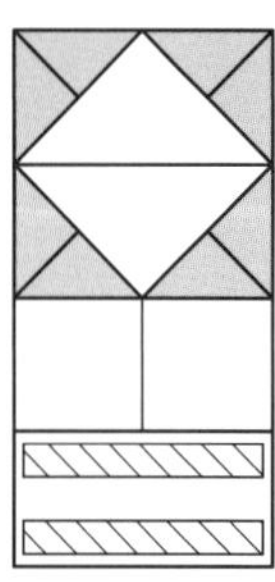

17. Die kleinen Schachteln auf die mittelgroßen kleben. Dazu Doppelklebeband auf den kurzen Seiten der mittelgroßen Schachteln befestigen. Vor Abziehen der Schutzschicht testen, ob die kleinen passend in der mittelgroßen Schachtel sitzen. Die »Ohren« sollen zu den kurzen Seiten zeigen und eine kleine Schachtel soll die Hälfte der mittelgroßen Schachtel füllen. Sie haben nun zwei mittelgroße Schachteln, in denen kleine Schachteln sitzen.

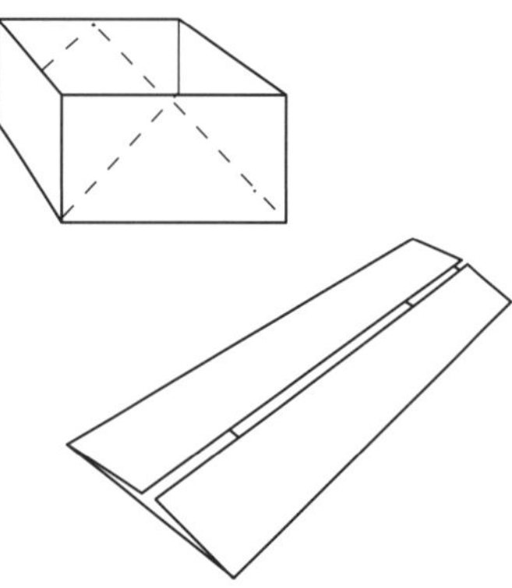

18. Fertigen Sie noch die zwei restlichen mittelgroßen Schachteln auf die gleiche Weise wie zuvor, aber ohne die Diagonalfalze an den Längsseiten (Schritt 13).

Die fertigen Schachteln falten Sie an den kurzen Seiten statt an den Diagonalfalzen (siehe Abbildung oben). Wenn Sie die Schachteln zusammenfalten, liegen die Längsseiten parallel nebeneinander.

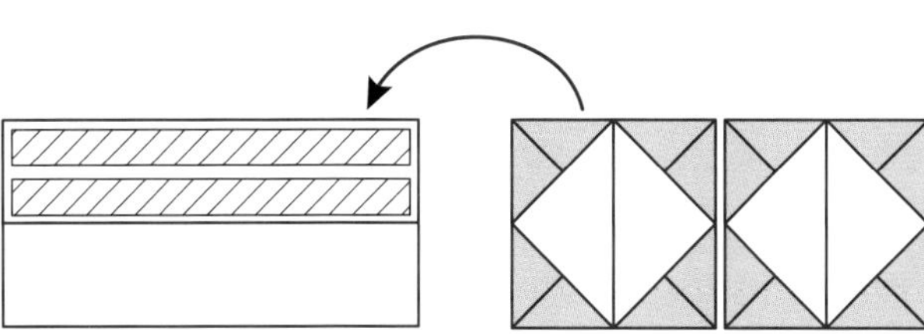

19. Befestigen Sie an einer dieser Längsseiten Doppelklebeband und kleben Sie die zuvor gefertigte mittelgroße Schachtel mittig darauf. Da sie nur an einer Längsseite angeklebt ist, lässt sich jetzt die untere Schachtel öffnen.

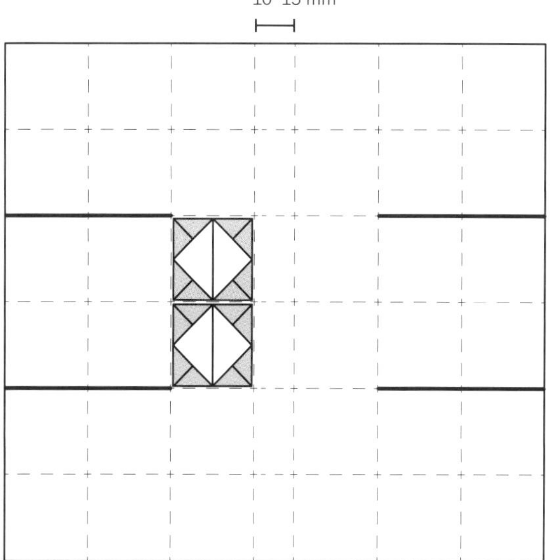

20. Schneiden Sie nach der Zeichnung das Papier für die große Bodenschachtel zu. Für sechs kleine Schachteln in der Höhe und sechs kleine Schachteln in der Breite sowie für eine Rückenbreite von ca. 10–15 mm. Wiederholen Sie dann die Schritte 11–16 wie für die ersten zwei mittelgroßen Schachteln.

Arbeiten Sie keinen scharfen Rückenfalz. Der Rücken soll sich natürlich biegen, wenn das Etui geschlossen wird, damit es weicher aussieht.

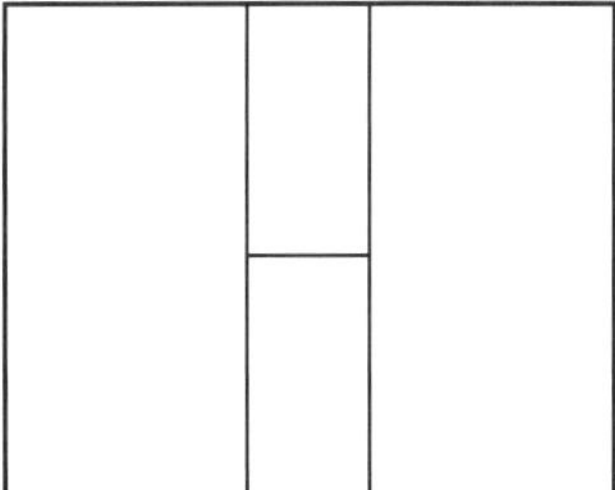

21. Mithilfe der Diagonalfalze legen Sie nun auch diese Schachtel flach zusammen.

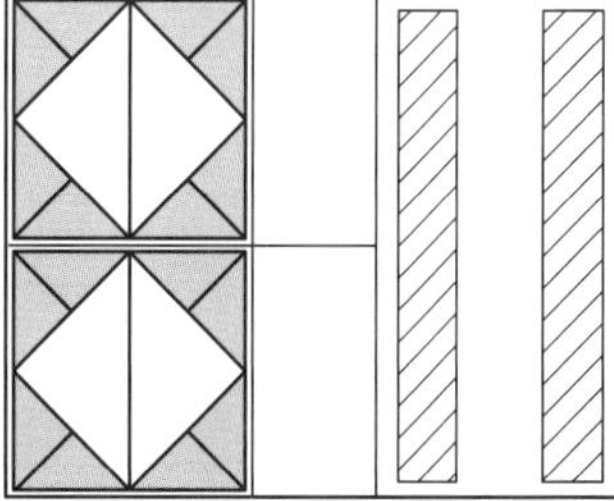

22. Befestigen Sie Doppelklebeband auf den Längsseiten und kleben Sie die fertig aufgestellten Schachteln darauf. Achten Sie darauf, dass die Öffnung der unteren mittelgroßen Schachtel im Etui innen liegt.

Füllen Sie das Etui mit Ihrem kleinen Nähzubehör und verschließen Sie es mit einem schönen Band.

VARIANTE

Sie können auch die zwei letzten mittelgroßen Schachteln weglassen und haben dann eine Etage weniger im Etui. Überspringen Sie in diesem Fall die Schritte 18 und 19.

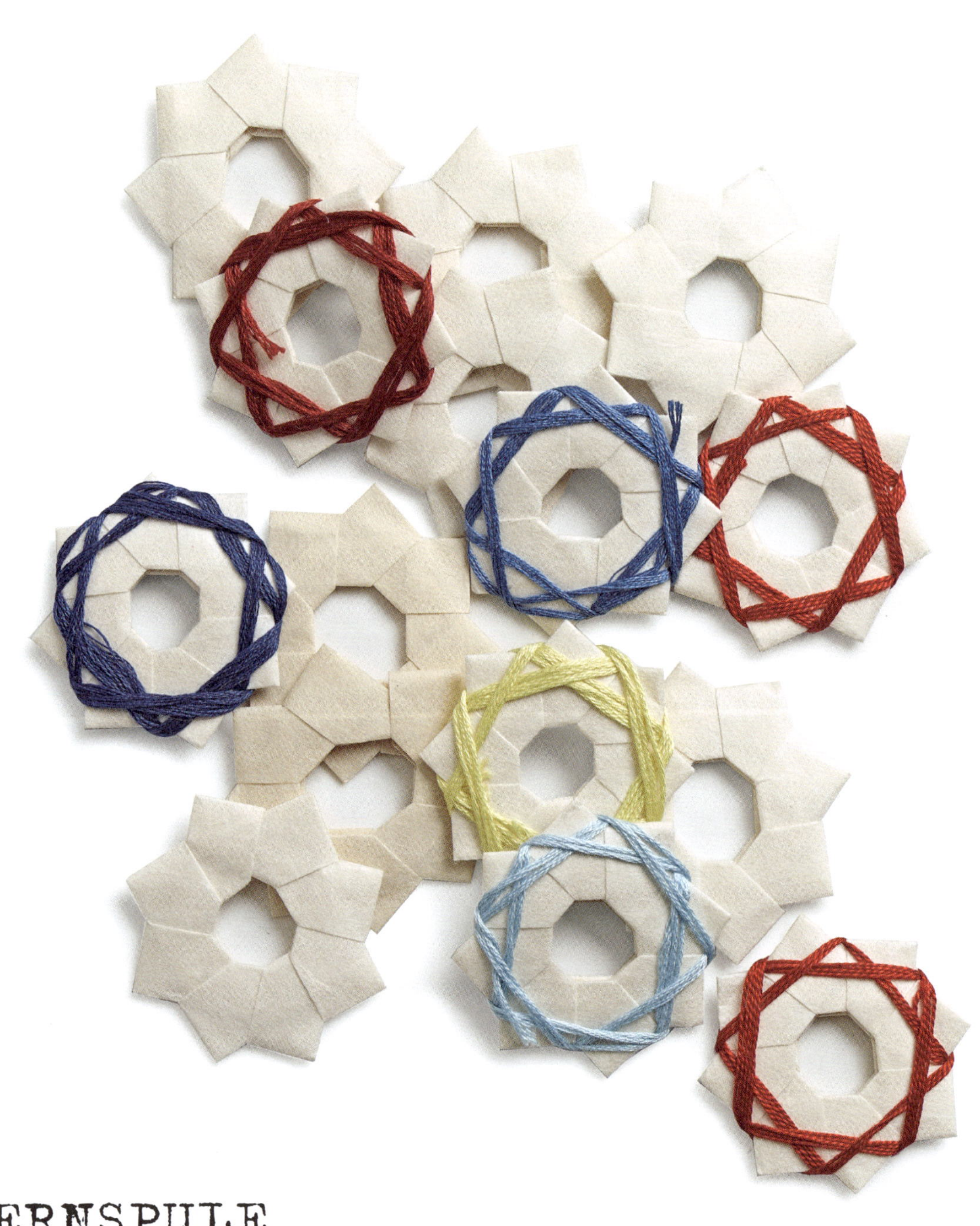

STERNSPULE

Falten Sie sich schöne Spulen für Ihre Stickgarne! Die sternförmigen Spulen sehen nicht nur schön aus, sondern sind auch sehr praktisch. Das Zusammenstecken ist jedoch auch etwas knifflig.

MATERIAL

Dünnes Papier, am besten ca. 45 g/m²

WERKZEUG

Schneidematte

Stahllineal

Skalpell oder scharfes Cuttermesser

Statt Spulen lassen sich auch dekorative Papiersterne als Weihnachtsschmuck basteln. Die Spulen auf dem Foto links sind aus etwas kräftigerem handgeschöpften Papier aus Asien gefaltet.

x 8

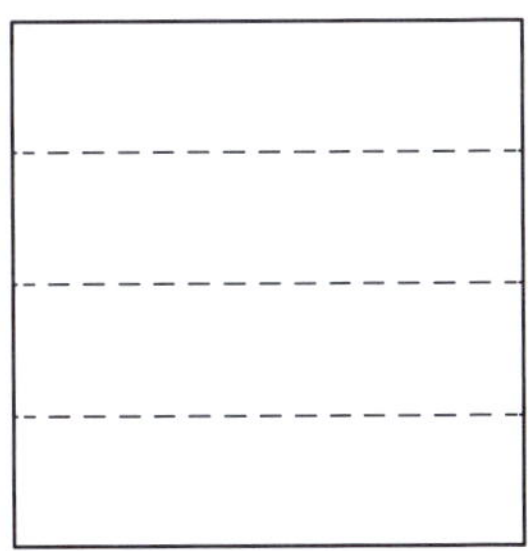

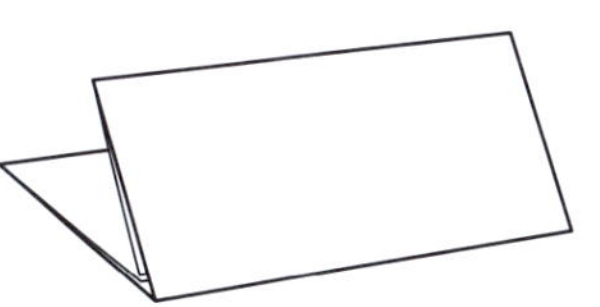

1. Für jeden Stern acht Papiere quadratisch zuschneiden. Meine Sterne sind aus Papierstücken von 5 x 5 cm. Der fertig gefaltete Stern misst dann von Spitze zu Spitze 5 cm.

2. Alle Blätter in der Mitte falten. Dann die Hälften jeweils zur Mitte falten, sodass das Papier in vier gleich große Teile unterteilt ist.

3. Die äußeren Teile nach innen falten.

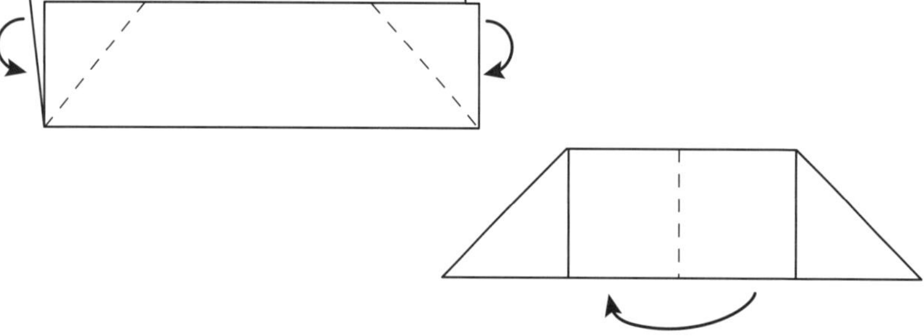

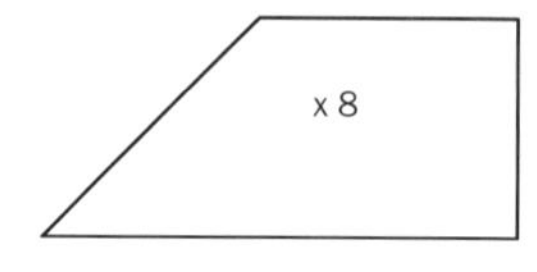

4. Die zwei Ecken nach unten zum »Rücken« hin falten, sodass sich zwei »Schuhformen« bilden.

5. Die Arbeit in der Mitte falten.

6. Alle acht Blätter auf die gleiche Weise falten.

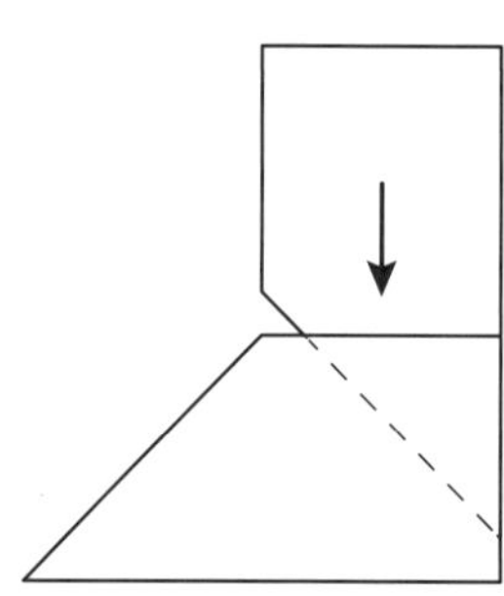

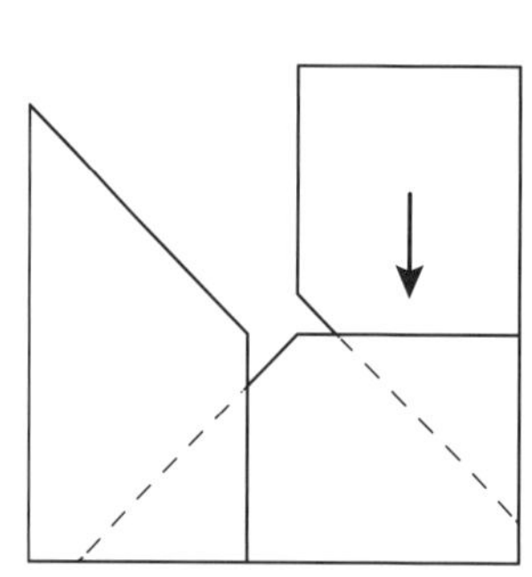

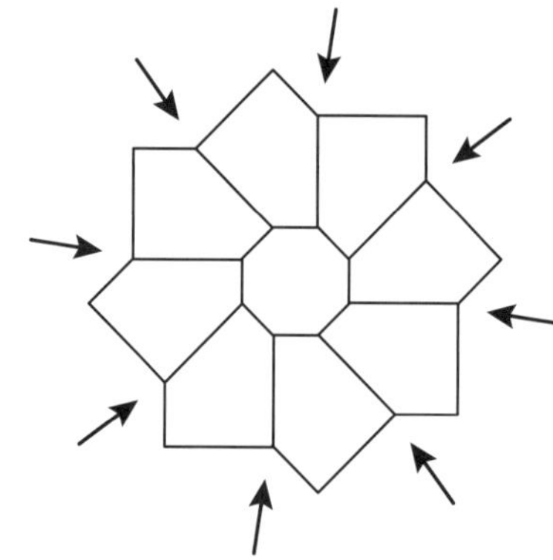

7. Fügen Sie alle Teile zusammen, indem Sie die beiden Schuhspitzen jeweils in die Taschenöffnungen am nächsten Schuh stecken. Achten Sie darauf, dass jede der beiden Spitzen in ihre jeweilige Tasche geschoben wird.

8. Stecken Sie alle Teile ineinander, bis alle acht den Stern bilden.

9. Drücken Sie alle Teile zur Mitte hin leicht zusammen.

ÜBERZOGENE SCHACHTEL MIT FÄCHERN

Ich habe mir eine etwas stabilere Schachtel für mein Werkzeug gemacht, die ich als Miniwerkstatt überallhin mitnehmen kann. Wenn Sie die Schachtel (ohne Fächer) senkrecht stellen und tiefer arbeiten, wird es eine schöne Kassette für Ihre Sammlung von Notizbüchern.

MATERIAL

Pappe in gewünschter Dicke, abhängig von der Größe der Schachtel
Einbandgewebe, das nicht zu dick ist, oder Papier von guter Qualität zum Beziehen der Schachtel
Einfarbiges Papier zum Beziehen des Bodens
Klebstoff

WERKZEUG

Schneidematte
Stahllineal
Bleistift
Scharfes, kräftiges Messer (oder eine Papierschneidemaschine)
Falzbein
Pinsel, ein kleiner und ein größerer
Sandpapier auf ein Stück Pappe aufgeklebt
Malerkreppband
Winkeldreieck
Pressbrett
Gewichte zum Beschweren, zum Beispiel ein schwerer Bücherstapel

Meine Schachtel ist 12 x 20 x 4 cm groß und ich habe 2 mm dicke Pappe dafür verwendet. Sie ist mit Rohseide überzogen, die in Shibori-Technik gefärbt wurde, und die Böden sind mit einfarbig blauem Papier kaschiert.

1. Legen Sie die Maße für die Schachtel fest und schneiden Sie den Boden und die Seitenwände zu. Ich lasse die beiden kurzen Seitenwände über die kurze Seite der Bodenplatte und die Dicke der Pappe der Längswände laufen. Die langen Seitenwände müssen dann so lang wie der Boden sein. Am stabilsten wird die Schachtel, wenn Sie die Laufrichtung der Pappe nach der Abbildung ausrichten. Eine große Schachtel erfordert eine etwas dickere Pappe, um stabil zu sein, während für eine kleinere auch dünnere Pappe ausreicht. Je genauer Sie beim Zuschneiden arbeiten, desto weniger Arbeit haben Sie beim Schleifen. Am besten verwendet man dazu eine Papierschneidemaschine. Wenn Sie die Pappe von Hand zuschneiden, dann setzen Sie lieber mehrere Male am Schnitt an, bis Sie alles durchgeschnitten haben, als nur einen festen Schnitt durchzuziehen. Drückt man zu fest mit dem Messer, ist es schwerer gerade zu schneiden.

Schleifen Sie alle Kanten, bis sie gleichmäßig glatt sind.

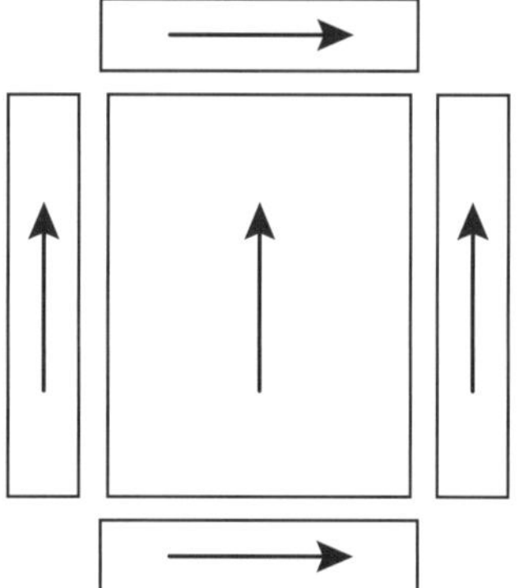

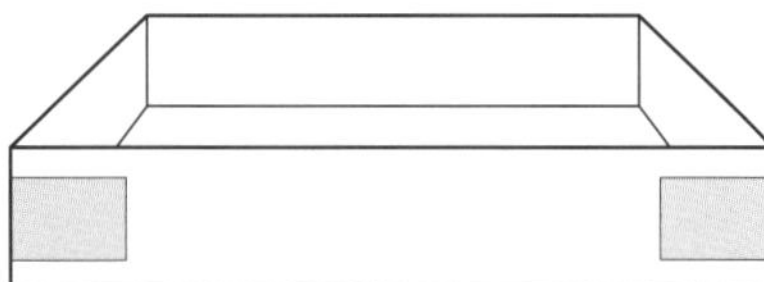

2. Kleben Sie die Seitenteile am Boden und gegeneinander mit dickflüssigem Klebstoff fest. Kleben Sie alle Seitenteile nacheinander an. Sie können als Stütze ein Pressbrett verwenden, damit die Teile auch im rechten Winkel zum Boden stehen. Kontrollieren Sie es mit dem Winkeldreieck. Lassen Sie den Klebstoff am besten ein paar Minuten antrocknen, bevor Sie die Teile zusammenfügen, dann hält es schneller. Bekleben Sie zur Stabilisierung die Ecken mit Malerkreppband. »Spachteln« Sie überflüssigen Klebstoff weg. Wenn alle Seitenteile verklebt sind, lassen Sie die Schachtel mindestens 10 Minuten trocknen.

TIPPS

Wenn Sie etwas mehr Arbeit investieren wollen, können Sie alle Außenseiten der Wände mit Papier überziehen und danach alle Unebenheiten abschleifen, bis die Oberfläche ganz glatt ist. Das Papier wirkt dabei wie ein Spachtel, wobei man das Begradigen auch mehrmals wiederholen kann, wenn nach dem ersten Mal noch etwas hervorsteht.

Verwenden Sie Kleister (keinen Klebstoff) und kleben Sie das Papier am besten in einem Stück rund um die ganze Schachtel – Anfang und Ende Stoß an Stoß. Das Papier mit dem Falzbein glatt streichen, bis es überall festklebt und mögliche Luftblasen verschwunden sind. Anschließend mindestens 24 Stunden trocknen lassen. Danach alle Seitenteile leicht mit Sandpapier abschleifen.

Kleben Sie sich ein Stück Sandpapier auf ein Stück Pappe und schon haben Sie einen guten, festen Schleifklotz.

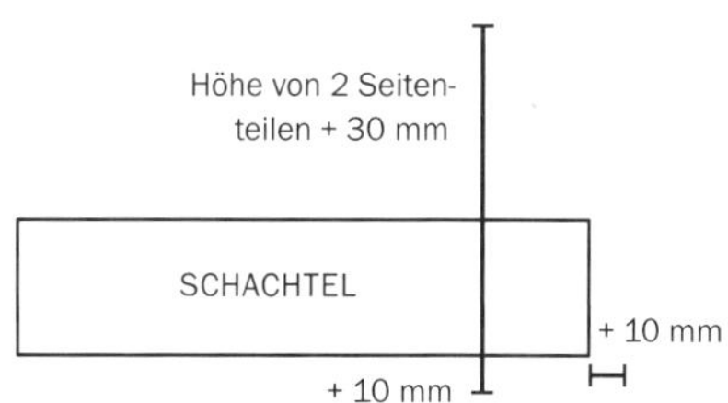

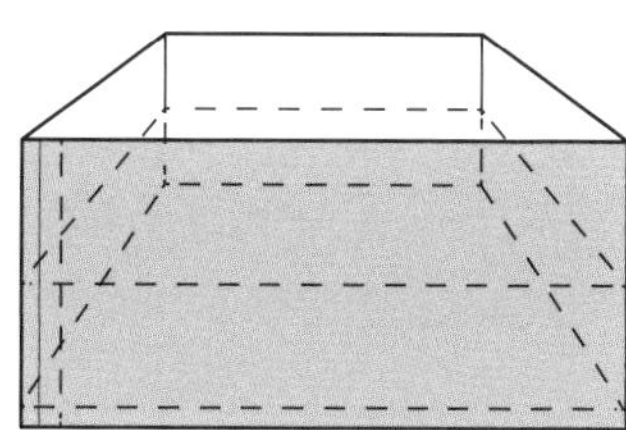

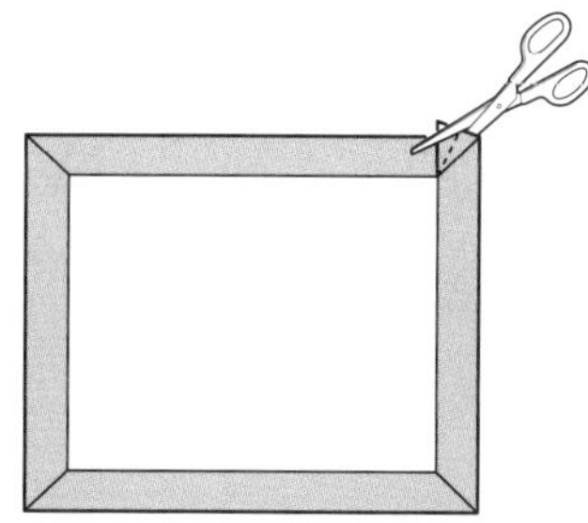

3. Wählen Sie ein nicht zu dickes Einbandgewebe. Bevorzugen Sie Papier, so darf es nicht zu dünn sein, damit es an den Kanten und Ecken nicht zu schnell verschleißt.

Schneiden Sie zuerst das Einbandgewebe zu, das für die Außen- und Innenseiten der Seitenteile sowie ein Stück auf den Boden reichen muss.

Für die Höhe rechnen Sie die Höhen von 2 Seitenteilen plus 40 mm, die Breite muss um die gesamte Schachtel reichen plus 10 mm extra. Um sich die Arbeit zu erleichtern, können Sie sich zunächst eine Papierschablone anfertigen.

4. Kleben Sie das Einbandgewebe um alle Seitenteile herum. Diesmal sollte der Klebstoff etwas dünnflüssiger sein (etwa wie Buttermilch). Zeichnen Sie zuerst eine waagerechte Linie auf die Rückseite, 10 mm gemessen von der Unterkante des Einbandgewebes. An dieser Linie kleben Sie dann die Schachtel fest. Den Klebstoff auf einem der Seitenteile verstreichen und dieses auf dem Einbandgewebe entlang der gezeichneten Linie platzieren. Mit dem Falzbein über das Gewebe streichen, bis alle Luftblasen verschwunden sind. Dann mit dem Pinsel den Klebstoff auf das nächste Seitenteil auftragen und dieses auf das Gewebe legen. Ziehen Sie dabei etwas am Stoff, damit er glatt liegt, bevor Sie die Schachtel auflegen. Auf diese Weise alle Seitenteile beziehen. Ist die Schachtel rundherum fertig bezogen, das Einbandgewebe am Ansatz übereinanderkleben.

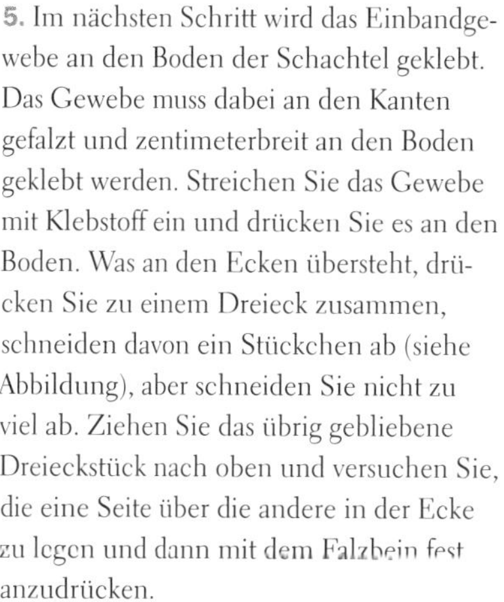

5. Im nächsten Schritt wird das Einbandgewebe an den Boden der Schachtel geklebt. Das Gewebe muss dabei an den Kanten gefalzt und zentimeterbreit an den Boden geklebt werden. Streichen Sie das Gewebe mit Klebstoff ein und drücken Sie es an den Boden. Was an den Ecken übersteht, drücken Sie zu einem Dreieck zusammen, schneiden davon ein Stückchen ab (siehe Abbildung), aber schneiden Sie nicht zu viel ab. Ziehen Sie das übrig gebliebene Dreieckstück nach oben und versuchen Sie, die eine Seite über die andere in der Ecke zu legen und dann mit dem Falzbein fest anzudrücken.

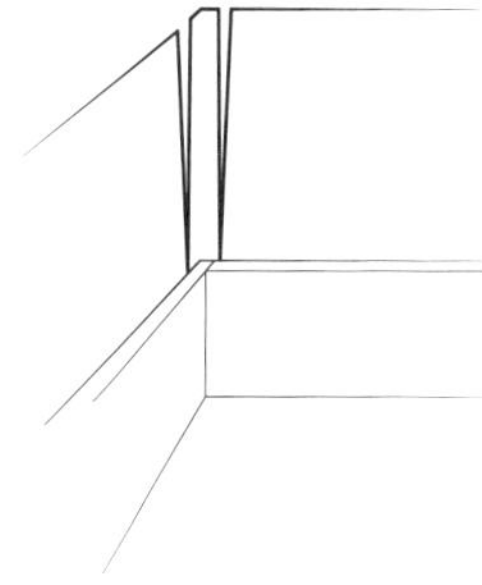

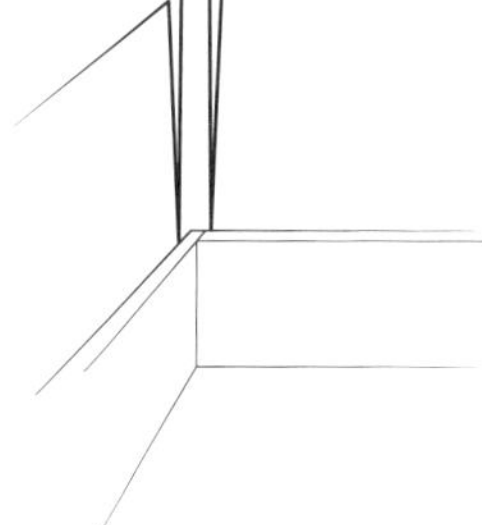

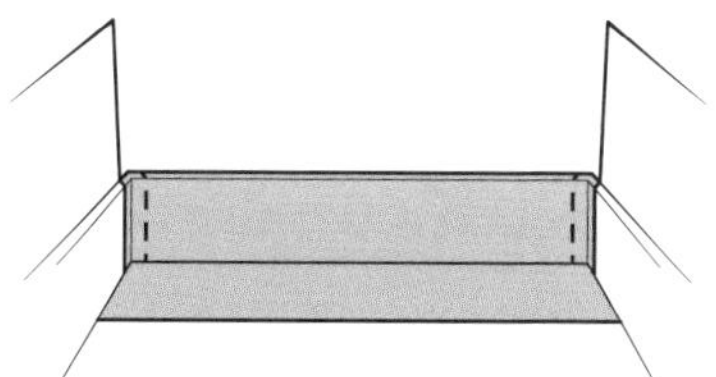

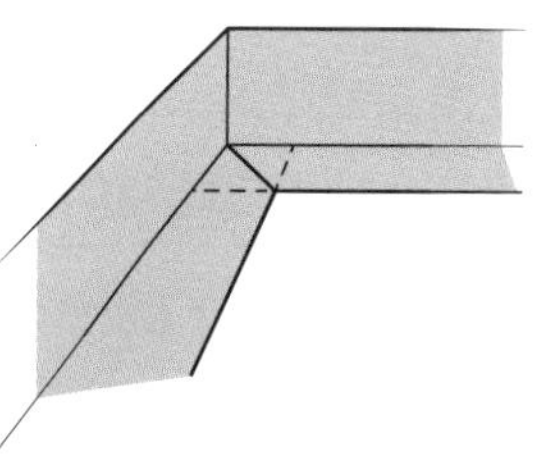

6. Beziehen Sie nun die Innenseiten der Seitenteile und beginnen Sie mit den Ecken. Schneiden Sie an jeder Ecke den Stoff zweimal ein. Kleben Sie den eingeschnittenen Streifen an. Die Einschnitte werden so platziert, dass das Einbandgewebe an den Seitenteilen bündig mit der Ecke endet, an der es eingeschlagen wird. Probieren Sie es vorher mit einem Stück Papier aus, dann verstehen Sie die Technik besser.

7. Kleben Sie alle Seiten an. Drücken Sie das Einbandgewebe an den Seiten und am Boden gut fest, damit es schön glatt liegt.

8. Damit die vielen Schichten Einbandgewebe in den Ecken nicht klumpen, können Sie einen Schnitt gerade aus der Ecke heraus durch alle Schichten machen. Zupfen Sie dann die zwei unten liegenden losen Stoffstücke heraus.

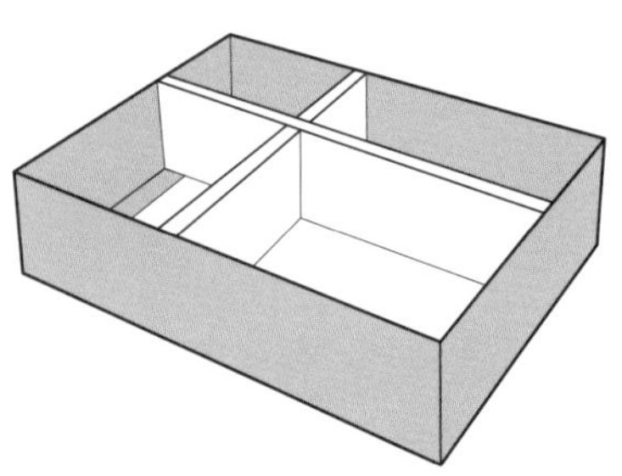

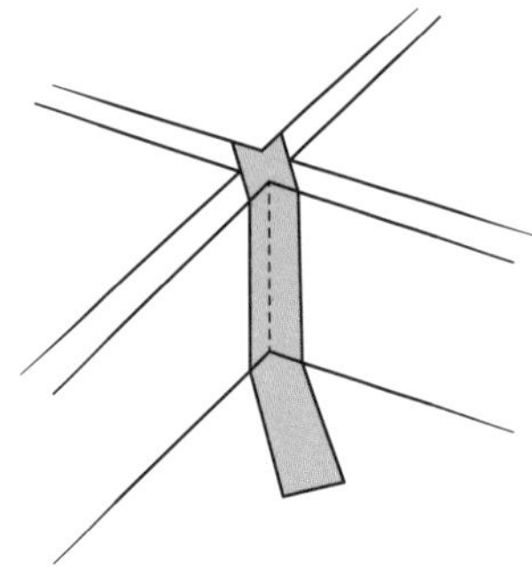

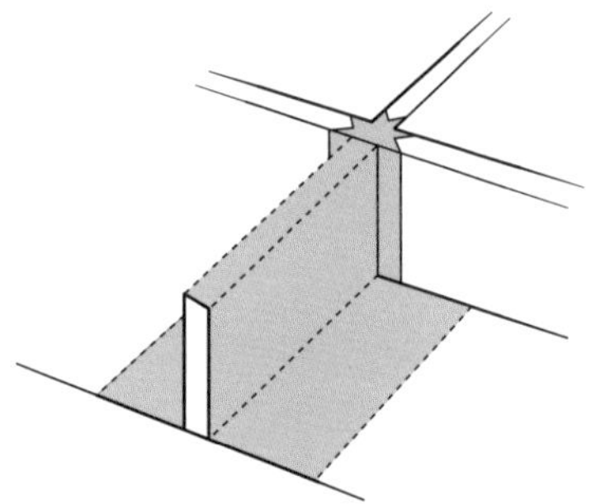

9. Wenn Sie Ihre Schachtel mit Fächern unterteilen wollen, werden diese jetzt angefertigt. Für vier Fächer wie in der Abbildung schneiden Sie eine lange Wand sowie zwei kurze zu. Schneiden Sie sie so zu, dass sie eine Idee zu eng in der Schachtel sitzen, aber die Schachtelwände nicht herausdrücken. Bestreichen Sie die Bodenkanten der Trennwände mit dickflüssigem Klebstoff, bevor Sie sie in der Schachtel platzieren.

10. Schneiden Sie zwei Streifen Einbandgewebe zu. Mit diesen überziehen Sie das Kreuz, an dem sich die Trennwände treffen. Verkleben Sie die Streifen nacheinander. Platzieren Sie das Mittelstück des ersten Streifens über dem Kreuz und kleben Sie den restlichen Streifen diagonal über die Seiten des Kreuzes bis auf den Boden (siehe Abbildung). Drücken Sie das Einbandgewebe in den Ecken mit dem Falzbein fest an. Wiederholen Sie den Vorgang mit dem zweiten Streifen, sodass das Kreuz ganz mit Gewebe bedeckt ist.

11. Schneiden Sie das Einbandgewebe für die Trennwände zu. Die Stücke müssen so breit wie die jeweiligen Wände sein; die Höhe entspricht 2-mal der Wandhöhe plus ca. 20 mm. Kleben Sie die Stücke entsprechend der Zeichnung an. Ziehen Sie die Stücke glatt und drücken Sie sie kräftig an die beiden Seiten der Trennwand.

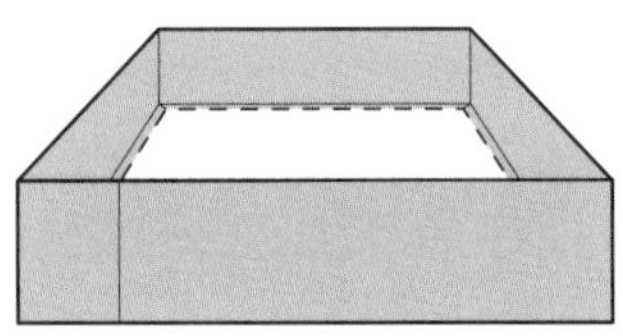

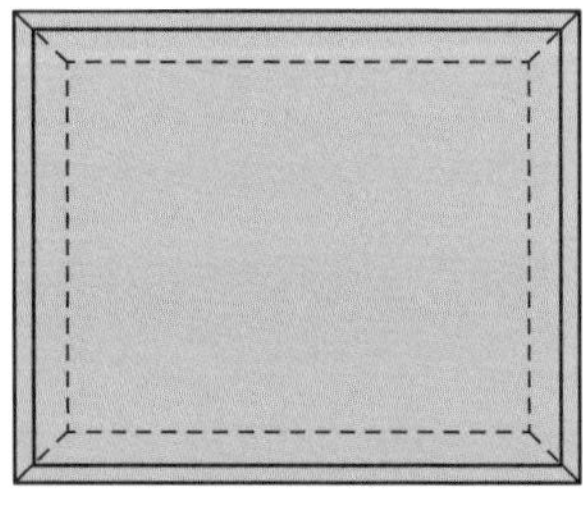

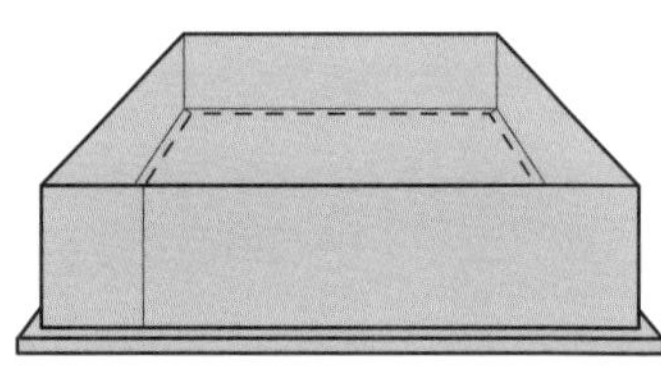

12. Überziehen Sie den Boden der Innenseite mit einem Stück Papier. Haben Sie Trennfächer eingerichtet, dann kleben Sie in jedes Fach ein Stück. Machen Sie die Stücke nicht zu groß, denn sonst ist es schwer, sie einzupassen.

13. Zum Schluss kleben Sie ein Stück Einbandgewebe auf den Außenboden der Schachtel. Schneiden Sie ein Stück zu, das rundherum ca. 1 mm kleiner ist, damit es nicht übersteht.

VARIANTE

Ich habe noch eine zusätzliche Bodenplatte überzogen, die einige Millimeter größer ist als die Schachtel selbst. Darauf habe ich dann die ganze Schachtel geklebt. Für diese Variante muss man den Außenboden der Schachtel dann nicht mit Einbandgewebe bekleben.

GEFALTETE SCHACHTELN

Eine Schachtel in einer Schachtel in einer Schachtel in einer Schachtel. Diese Schachteln lassen sich schnell und leicht falten und können allein oder als Einsätze in einer größeren Schachtel verwendet werden.

MATERIAL

Papier in beliebiger Stärke von 45 g/m² bis zu 150 g/m²

WERKZEUG

Schneidematte

Stahllineal

Skalpell oder scharfes Cuttermesser

Falzbein

Bleistift

Wenn Sie das Maß um jeweils 5 mm verkleinern (oder vergrößern), können Sie eine Schachtel in die andere stecken. Warum also nicht einen ganzen Satz solcher Schachteln falten? Die Schachteln auf dem Foto sind aus dünnerem Transparentpapier gefaltet.

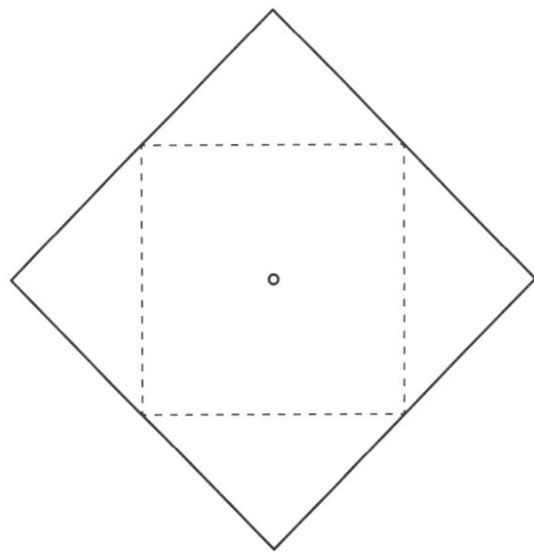
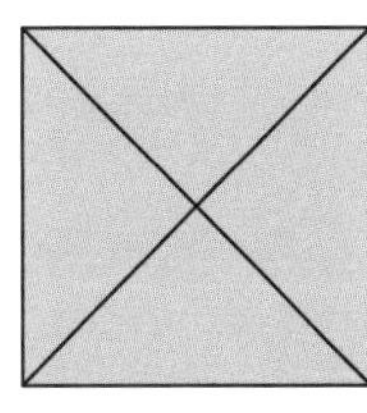
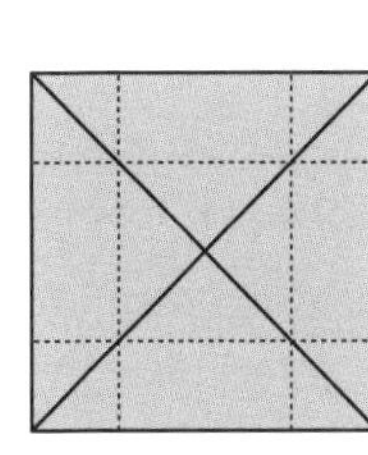
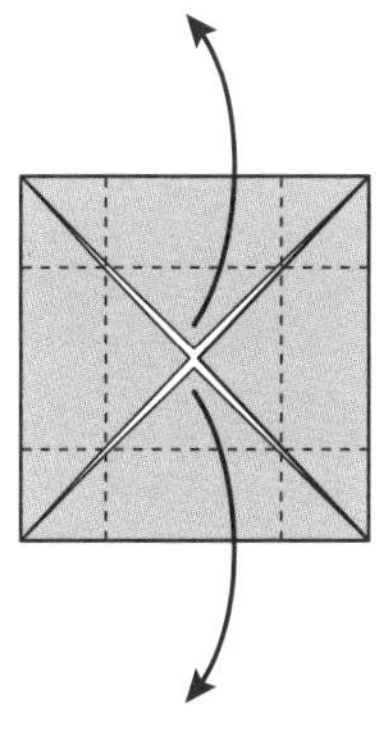

1. Ein quadratisches Stück Papier in gewünschter Größe zuschneiden. Ein Papier von 15 x 15 cm ergibt eine fertige Schachtel von 5,5 x 5,5 cm mit einer Höhe von 2,5 cm. Den Mittelpunkt markieren und alle vier Ecken zur Mitte falten.

2. Falten Sie danach jede Seite zum Mittelpunkt. Wenn Sie alle vier Seiten eingefaltet haben (und danach wieder aufgefaltet), hat sich ein inneres Quadrat gebildet.

3. Falten Sie zwei gegenüberliegende Ecken wieder auf.

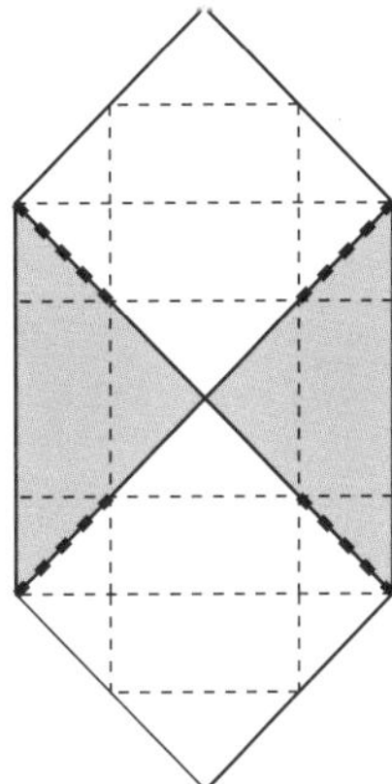
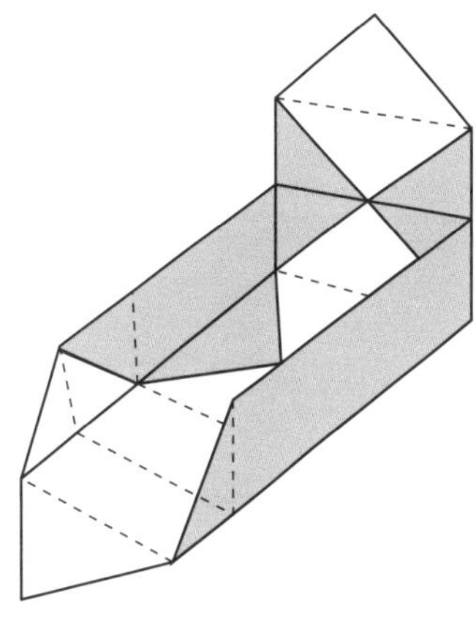
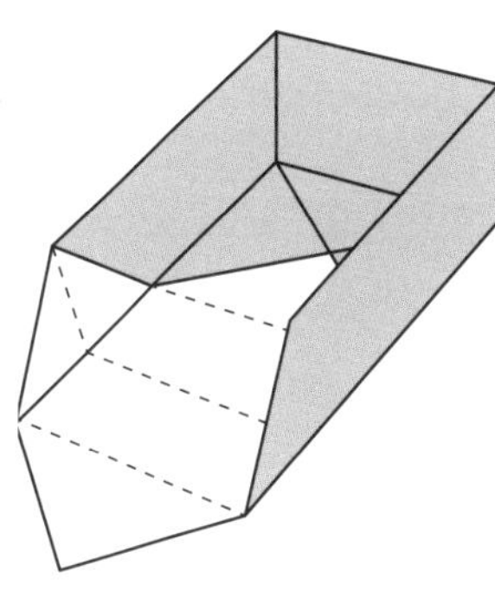

4. Entlang der fett gestrichelten Linien in der Zeichnung falten (oder leicht rillen). Diese Falze werden dann beim Falten der Wände nach innen eingeklappt.

5. Falten Sie die zwei gegenüberliegenden Wände auf. Wenn Sie nun die dritte Wand falten, klappen Sie die zwei Falze aus Schritt 4 nach innen an die dritte Wand.

6. Falten Sie die letzte Wand auf die gleiche Weise. Jetzt ist die Schachtel fertig!

SCHACHTEL MIT HANDGRIFFEN

Diese Schachtel mit Handgriffen könnte, mit etwas Spannendem gefüllt, einladend auf einem gedeckten Tisch stehen oder sie wird zur Verpackung eines kleinen Geschenks. Sie kann mit irgendeinem Papierrest gefaltet werden, dieser muss nur rechteckig sein.

MATERIAL

Papier mit einer Stärke von 45–100 g/m^2, eventuell auch dicker für eine größere Schachtel

WERKZEUG

Schneidematte
Stahllineal
Skalpell oder scharfes Cuttermesser
Falzbein
Bleistift

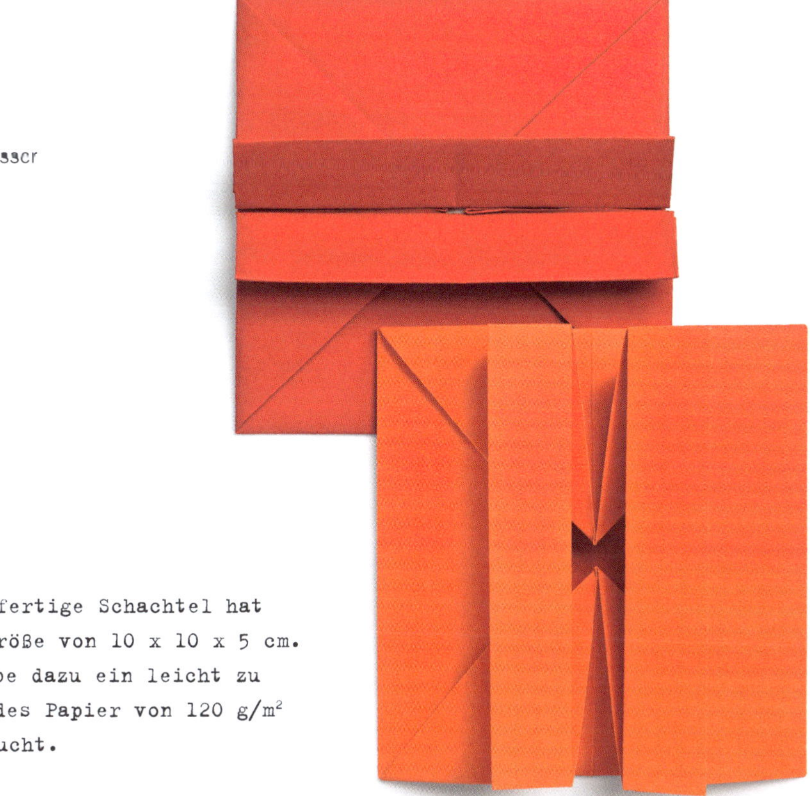

Meine fertige Schachtel hat eine Größe von 10 x 10 x 5 cm. Ich habe dazu ein leicht zu faltendes Papier von 120 g/m^2 ausgesucht.

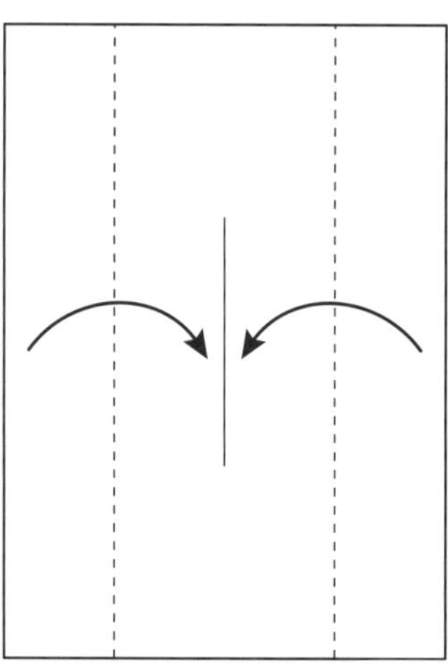

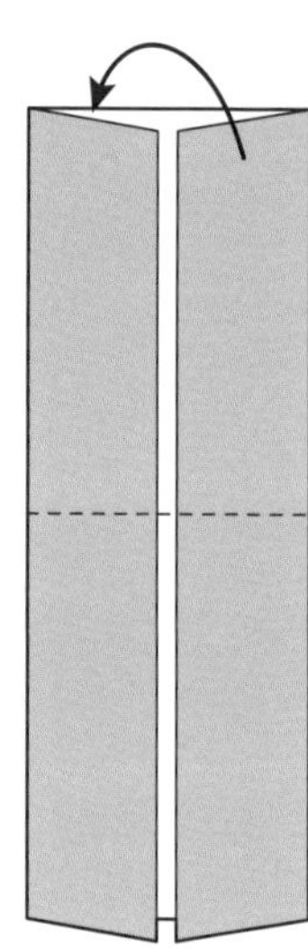

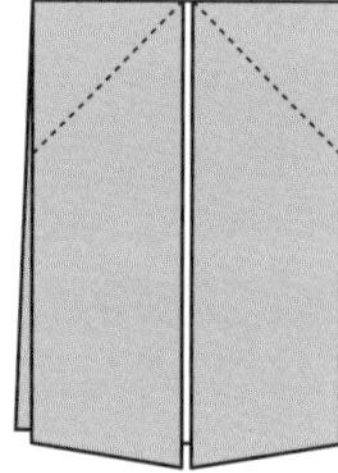

1. Markieren Sie die Mitte und falten Sie die beiden Längsseiten so ein, dass sie sich in der Mitte treffen. Mein Papierstück misst 27,5 x 19,8 cm.

2. Falten Sie die Arbeit danach in der Mitte mit den Faltungen nach außen.

3. Falten Sie nun die doppelt liegenden Ecken ein, sodass sie sich in der Mitte treffen. Falten Sie sie dann wieder auf.

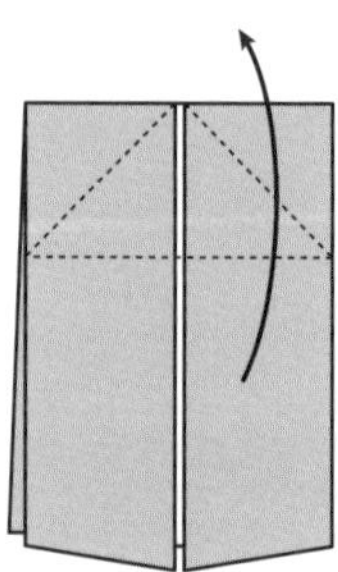

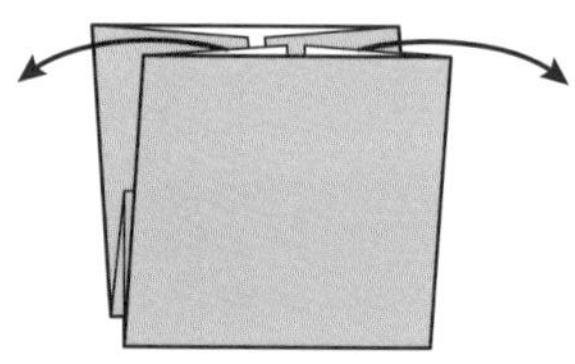

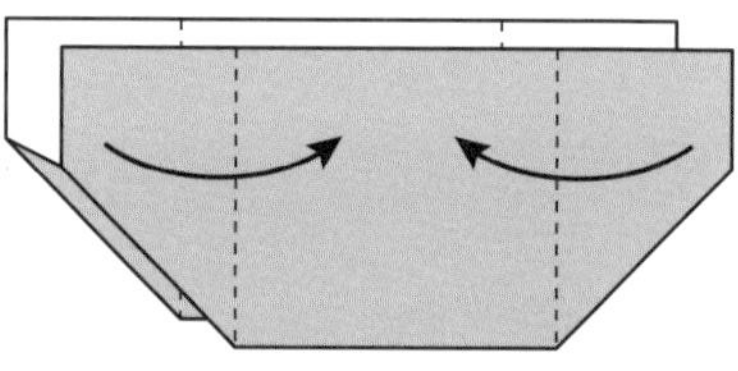

4. Markieren Sie mit dem Falzbein die Unterkante der Dreieckfalze und falten Sie dann an dieser Linie den unteren Teil der Arbeit nach oben. Wenden und auf der anderen Seite der Arbeit wiederholen.

5. Fassen Sie die beiden eingefalteten Ecken auf einer Seite und ziehen Sie so lange, bis diese in dem diagonalen Falz ausgefaltet sind, den Sie in Schritt 3 gemacht haben. Mit den eingefalteten Ecken auf der anderen Seite wiederholen.

6. Jetzt sollte die Arbeit wie auf der Zeichnung oben aussehen.

Falten Sie nun die äußeren Seiten auf jeder Seite zur Mitte hin.

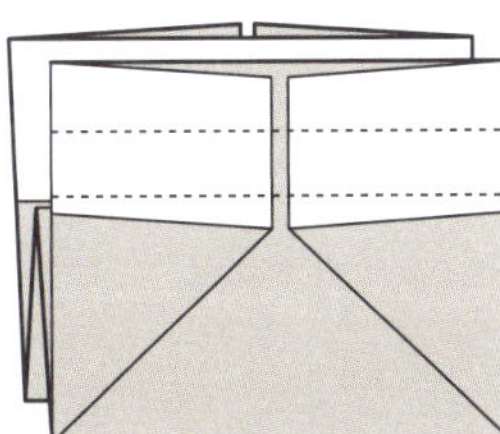

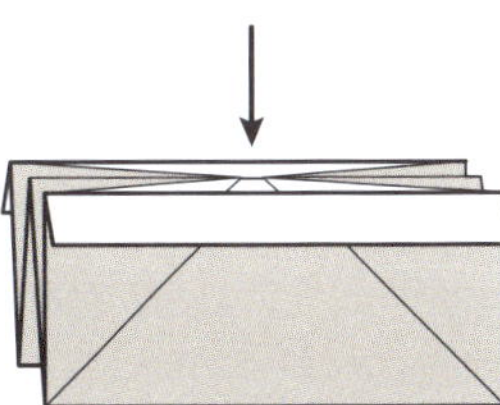

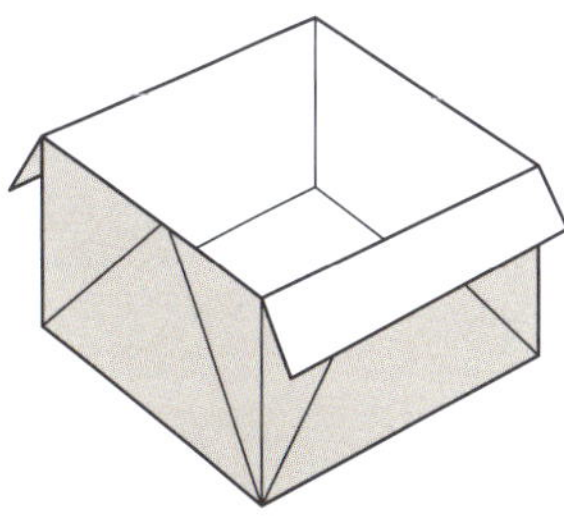

7. Falten Sie den oberen Teil der Arbeit in der Mitte, sodass die obere Kante an die Seiten der Dreiecke anstößt. Klappen Sie dann die gefaltete Kante nach unten, sodass diese über den Dreiecken liegt. Dies auf der anderen Seite der Arbeit wiederholen.

8. Öffnen Sie vorsichtig die Schachtel und drücken Sie den Boden nach unten an seinen Platz.

9. Jetzt haben Sie eine schöne Schachtel mit abstehenden Handgriffen.

Glossar

Die folgenden Begriffe können Ihnen bei Ihren Projekten von Nutzen sein. Ich habe auch die englischen Bezeichnungen hinzugefügt, da es viel Fachliteratur auf Englisch gibt, nicht zu reden von den zahlreichen Anleitungsfilmen, die im Internet zur Verfügung stehen.

Ahle *Awl*
Ein spitzes Werkzeug, mit dessen Hilfe Löcher gestochen werden können. Es ist mit Spitzen in verschiedenen Stärken erhältlich.

Bezugsmaterial/Überzug *Cover*
Papier (Bezugspapier), Einbandgewebe oder anderes Material, das zum Beziehen des Einbands bzw. der Buchdeckel verwendet wird.

Bogen *Sheet*
Papier in verschiedenen Formaten. Damit können auch größere Papierbogen gemeint sein, die in Druckereien für den Druck von Büchern verwendet werden. Diese Bogen werden bedruckt, gefaltet und beschnitten und ergeben in der Regel 16-seitige Lagen.

Buchbinderpappe/Pappe *Book board / fiber board*
Bessere Qualitäten werden aus Lumpen hergestellt, damit sie stärker und planer sind; einfachere werden aus Altpapier gemacht. Pappen verwendet man beispielsweise für Bucheinbände und Schachteln.

Buchdeckel *Hard cover*
Äußere feste Hülle (Vorder- und Rückdeckel), die zusammen mit dem Rücken den Buchblock umschließt.

Buchpresse *Book press*
Buchpressen für Buchbindearbeiten gibt es als größere Werktische oder als kleinere Tischmodelle. Größere Pressen haben häufig ein Schlagrad.

Buchschnitt *Edge*
Buchbinderbezeichnung für die beschnittene Kante eines Buches.

Einbandgewebe/Buchbinderleinen *Book cloth*
Traditionell aus Leinen oder Baumwolle gewebt und für Klebstoff undurchdringlich gemacht, indem die Rückseite mit Seidenpapier abgefüttert wurde.

Einschläge *Turning-ins*
Eingeschlagene Ränder von unterschiedlicher Breite. Sie sind bei Umschlägen aus Papier üblich, dabei wird ein breiterer Rand am vorderen Schnitt eingeschlagen. Auch beim Beziehen der Buchdeckel arbeitet man mit Einschlägen.

Falz$_1$ *Fold*
Eine Faltung in einem Papier.

Falz$_2$ *Hinge*
Ein Streifen, der die Funktion eines Scharniers erfüllt, wenn man einen Bogen mit einem anderen verbinden will.

Falz$_3$ *Joint*
Auch Gelenk oder Falzrille. Vertiefung zwischen Einbanddeckel und Buchrücken.

Falzbein *Bone folder*
Traditionelles Buchbinderwerkzeug aus Knochen, das unter anderem beim Falzen verwendet wird. Es wird heute auch aus Teflon hergestellt.

Gestrichenes Papier *Coated paper*
Ein Papier, das mit einer Streichmasse bestrichen wird, um seine Druckeigenschaften zu verbessern.

Grammatur/Papiergewicht *Grams per square meter*
Gewichtsbezeichnung für einen Bogen Papier mit einer Fläche von 1 Quadratmeter in Gramm.

Handgeschöpftes Papier *Handmade paper*
Von Hand geformtes Papier, bei dem zermahlene Fasern im Wasser zu einem Bogen zusammengeschüttelt werden.

Handgesticktes Kapitalband *Worked headband*
Verschiedenfarbige Seidenfäden, die um einen Papierkern, um Pergament oder Leder genäht und am Buchblock befestigt werden. Das Kapitalband wird am Rücken des Buchblocks am oberen und unteren Schnitt angebracht.

Handheftung *Hand sewing*
Das Heften von Büchern mit der Hand. Eine Anzahl Lagen (ineinanderliegende, gefaltete Bogen) wird mit Nadel und Faden durch die Rückenfalze in jeder Lage zusammengeheftet.

Hebelschneidemaschine *Guillotine paper cutter*
Eine Maschine, an der man eine größere Anzahl Bogen schneidet – auch geheftete Bogen oder einen Buchblock. Das Messer bewegt sich senkrecht von oben nach unten wie bei einer Guillotine.

Heftband *Tape*
Gewebtes Band in verschiedenen Breiten, das beim Heften von Büchern verwendet wird.

Heftfaden *Stitching thread*
Fest verzwirnter Leinenfaden, der beim Heften von Hand verwendet wird. Er kann zwei- oder dreifädig sein. Seine Stärke wird mit einer Zahl angegeben, die Auskunft gibt, wie viele Stränge des Fadens auf 300 Yard (274,3 m) auf ein englisches Pfund kommen (453,6 g). Übliche Stärken für das Heften von Hand sind Fadenstärken von 20–30.

Heftmaschine *Sewing machine*
Maschine, die verschiedene Lagen zu einem Buchblock zusammenheftet. Sie wird seit Ende des 19. Jahrhunderts verwendet.

Heftnadel *Stitching needle*
Nadel, die beim Heften der Bücher von Hand verwendet wird. Sie ist etwas länger und stärker als eine normale Nähnadel.

Heftrahmen *Sewing bench, sewing frame*
Ein Rahmen, der beim Heften von Büchern verwendet wird. Das Heftband oder das Garn wird an Haken daran befestigt.

Hohler Rücken *Hollow back*
Ein dünner Pappstreifen dient zur Stütze des Buchrückens.

Holländer *Hollander beater*
Maschine zur Zerkleinerung der Papiermasse. Die Masse wurde im Wasser in einem Trog mit einer messerbestückten Walze in Runden bewegt. Die Maschine wurde im 17. Jahrhundert in Holland erfunden und ersetzte das Stampfwerk, mit dem zuvor die Lumpen zerkleinert wurden.

Kapitalband *Headband*
Maschinell hergestellte Variante des handgestickten Kapitalbands. Meist zwei- oder dreifarbig aus Seide oder Baumwolle gewebt. Es wird aus ästhetischen Gründen am Buchblock festgeklebt.

Kaschieren *Lining*
Das Überkleben eines dünnen Papiermaterials mit einem anderen Papier oder einem Stoff zur Verstärkung.

Klebstoff *Adhesive, glue*
Viele verschiedene Klebstoffe sind für Buchbindearbeiten speziell angepasst. Es gibt wieder lösbare (reversible) und pH-neutrale. Die meisten Klebstoffe trocknen innerhalb von zehn Minuten.

Kleister *Paste*
Schleimige Paste aus Stärke (aus Mehl), die mit Wasser gekocht wird. Kleister benötigt ca. 24 Stunden zum Trocknen. Im Unterschied zu Klebstoff, der beim Trocknen einen Film bildet, zieht der Kleister in das Material ein.

Kleisterpapiere *Paste paper*
Schmuckpapiere, bei denen man Muster erzeugt, indem sie mit farbigem Kleister bestrichen werden.

Körnung *Grain*
Die Körnung ist ein Muster, das man dem Papier zu einem frühen Zeitpunkt gibt, wenn es in der Papiermaschine geformt wird. Es kann zum Beispiel ein antikes Rippenmuster oder eine andere Art von Struktur erhalten.

Lage *Signature*
Eine Lage besteht aus einer beliebigen Anzahl gefalteter Papierbogen, die ineinanderliegen. Traditionell haben Buchdrucker mit 16-seitigen Lagen gearbeitet. Sie können jedoch auch dünner oder dicker sein, abhängig davon, wie stark das Papier ist und welchen Effekt man erzielen will. Mehrere Lagen werden geheftet und bilden einen Buchblock. Eine einzelne Lage mit einem Umschlag geheftet nennt man Heft.

Laufrichtung *Grain*
Bei handgeschöpftem Papier liegen die Fasern normalerweise nicht in einer bestimmten Richtung. Bei Papier, das maschinell hergestellt wird, legen sich die Fasern hingegen parallel zur Laufrichtung der Papierbahn und das Papier erhält dadurch eine deutliche Laufrichtung. Für schöne Falze sollte man deshalb die Falze parallel zur Laufrichtung des Papiers ausführen.

Leder *Leather*
Leder war lange Zeit das edelste und auch üblichste Material, mit dem man Bücher bezogen hat. Für die Einschläge wurde es geschärft, also ausgedünnt.

Locheisen/Stanzeisen *Punch*
Werkzeug zum Einschlagen von Löchern, das in verschiedenen Ausführungen erhältlich ist. Das Maß bezieht sich auf den Durchmesser. Auch in verschiedenen Formen erhältlich.

Makulatur *Slip-sheet*
Papier mit matter Oberfläche, das zum Pressen von empfindlichem Material verwendet wird. Es schützt gegen Druckstellen und Farbabdrücke und zieht zusätzlich Feuchtigkeit ab.

Papier *Paper*
Das Wort Papier stammt von Papyrus. Die Bezeichnung Papier steht für gelöste Fasern, die zu einem Bogen verflochten und geformt werden.

Papierschneidemaschine *Cardboard cutter*
Es gibt Boden- und Tischmodelle. Im Gegensatz zu anderen Schneidemaschinen erfolgt der Schneidevorgang in horizontaler Bewegung.

Pappe *Millboard, cardboard*
Pappe ist wesentlich dicker als Papier. Sie wird deshalb nicht nach dem Quadratmetergewicht, sondern nach ihrer Dicke gemessen.

Pergament *Parchment*
Tierhaut, die nicht gegerbt, sondern durch Kalken enthaart wird. Danach wird sie auf Rahmen gespannt und auf beiden Seiten abgeschabt und geschliffen, bis nur die rohe Haut übrig bleibt.

Planobogen *Flats*
Flach liegender, bedruckter oder unbedruckter Bogen Papier.

Prägung *Embossing, die stamping*
Die Prägung ist ein Muster, das man dem fertigen Papier gibt. Das Muster kann beispielsweise eine Imitation von Stoff, Holz oder Leder sein. Die Prägung kann auch in kleinen Pressen von Hand ausgeführt werden. Um Briefpapiere und andere kleinere Arbeiten zu prägen, gibt es eigene kleine Prägewerkzeuge. Eine Prägung auf Leder wird häufig Blindprägung genannt.

Pressbretter *Pressboard*
Flache Bretter, die über oder unter eine Arbeit gelegt werden, um diese mit Gewichten zu beschweren und zu pressen.

Rille *Crease*
Ein eingedrückter Falz in Papier, Pappe oder anderem steifen Material.

Rillen *Creasing*
Das Eindrücken in Papier oder Pappe mit einem stumpfen Werkzeug, um hassliche Brüche beim Falten zu vermeiden.

Rohformat *Raw size*
Das Format eines Papierbogens oder eines Buchs vor dem Beschneiden.

Schärfen *Paring*
Das Ausdünnen des Materials von Hand oder mit der Maschine. Leder wird an den Stellen geschärft, an denen es dünn und geschmeidig sein muss, um es zu falten und zu kleben.

Schneidematte *Cutting mat*
Eine Schneidematte mit Gitternetzlinien erleichtert ein genaues Schneiden.

Seidenpapier *Tissue paper*
Dünnes, unverleimtes Papier aus grob gemahlener Zellstoffmasse.

Überstand *Square*
Der Teil des Einbands, der über den Buchblock hinaussteht.

Vorderschnitt *Fore edge*
Die Schnittfläche eines Buchblocks, die parallel zum Buchrücken läuft.

Vorsatzblätter *Endpaper, endleaf, endsheet*
Das Papier, das den Einband mit dem Buchblock verbindet, oder das erste und letzte Blatt in einem Buch.

Wasserzeichen *Watermark*
Ein Zeichen im Papier, das früher den Hersteller kenntlich machte. Das in Metall geprägte Zeichen saß fest in der Papierform. Die Papiermasse legte sich an dieser Stelle dünner auf den Metalldraht.

Zellstoff *Pulp*
Das Rohmaterial zur Papierherstellung. Früher wurde Zellstoff aus verschiedenen Pflanzenfasern hergestellt. Heute besteht ein Großteil der Papiermasse aus Holz, auch mit Anteilen von Baumwolle.

Ziehharmonikafalz/Scharnierfalz *Concertina fold*
Ein Papierbogen, der in parallelen Falzen gefaltet wurde, bei denen jeder zweite Falz nach innen und jeder zweite Falz nach außen verläuft.

Bezugsquellen

Deutschland
Modulor GmbH
Prinzenstraße 85
10969 Berlin
www.modulor.de

boesner Versandservice GmbH
Gleiwitzer Staße 2
58454 Witten
www.boesner.com

Johannes GERSTAECKER
Verlag GmbH
Wecostraße 4
53783 Eitorf
www.gerstaecker.de

RPK Robert Paul Kumetat GmbH
Robert-Perthel-Straße 68
50739 Köln-Longerich
www.kumetat-rpk.de

Buch-Kunst-Papier
Sascha Boßlet
Gerrenweg 58
66440 Blieskastel
www.buch-kunst-papier.de

Buchbindemeister 24
Tidick Ringbuchtechnik GmbH
Karl-Peters-Straße 5
33605 Bielefeld
www.buchbindermeister24.de

Schweiz
boesner Künstlermaterial
www.boesner.ch

Gerstaecker Künstlerbedarf
www.gerstaecker.ch

Kreativ-Versand
Rietstrasse 51
8702 Zollikon/Zürich
www.kreativ-versand.ch

Österreich
boesner Künstlermaterial
www.boesner.at

Gerstaecker Künstlerbedarf
www.gerstaecker.at

Künstlerbedarf Lisa Meierhofer
Pürbach 40
3944 Pürbach
www.artmeierhofer.eu

Literatur
aus dem Haupt Verlag

Hedi Kyle / Ulla Warchol
In Falten gelegt
Handgemachte Bücher und Papierobjekte

Marlis Maehrle
Unikat
Handgemachte Bücher binden und gestalten

Michaela Müller
Stoff trifft Papier
Textile Bücher und andere Verbindungen

Michaela Müller
Bunte Bücher
Muster gestalten, Einbände drucken, Bücher binden

Franz Zeier
Schachtel, Mappe, Bucheinband
Die Grundlagen des Buchbindens für alle, die dieses Handwerk schätzen

Heather Weston
Buchbinden – vom Handwerk zur Kunst
Schritt für Schritt zum eigenen Buch

Index Book
Bind it yourself
Buchbinden leicht gemacht

MATERIAL UND WERKZEUG

Material und passendes Werkzeug erhält man im Künstlerbedarf, in Hobbyläden, im Farbenhandel, in Buchhandlungen und an vielen anderen Stellen. Wer die Augen offen hält, kann spannende Materialien an ganz unerwarteten Orten finden, vielleicht in einem Blumenladen oder beim Besuch eines Flohmarktes.

Wer Glück hat, entdeckt eine nahe gelegene Druckerei und kann dort vielleicht Papier aus Lagerbeständen erstehen. Das ist besonders interessant, wenn man Papiere für Buchblöcke sucht, die im Laden schwer zu finden sind.

Auch im Internethandel gibt es zahlreiche Anbieter für Papier und Werkzeuge. Das Glossar hinten im Buch gibt dazu auch die englischen Termini an, wenn man auf englischsprachigen Seiten suchen will.

Aber vergessen Sie nicht, dass Sie einige Materialien vielleicht bereits zu Hause haben. Mit dem richtigen Blick findet sich einiges, das Sie zu schönen neuen Dingen verarbeiten können, statt es wegzuwerfen.

DIE TEILE DES BUCHES

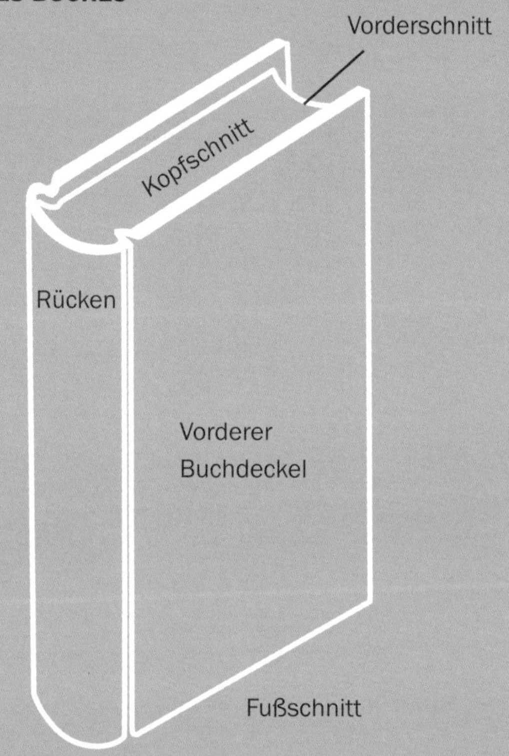